U0344332

国家出版基金项目
NATIONAL PUBLICATION FOUNDATION

生态气象系列丛书

丛书主编：丁一汇
丛书副主编：周广胜 钱 拴

淮河流域生态气象

主编：卢燕宇
副主编：张方敏 段春锋 张凯迪

气象出版社
China Meteorological Press

内 容 简 介

本书探讨了淮河流域的生态气象特征及其变化。淮河流域是中国重要的农业和工业基地,气候多样,生态资源丰富。然而,该地区也面临着旱涝灾害的挑战。书中采用统计分析、遥感反演和数值模拟等方法,研究了淮河流域的生态气候资源、生态气候灾害、生态类型及质量、生态过程及气候影响、陆气通量、大气环境和生态服务功能等方面。本书旨在为淮河流域的防灾减灾和生态文明建设提供科学依据,适合相关业务、科研工作者阅读与参考。

图书在版编目(CIP)数据

淮河流域生态气象 / 卢燕宇主编 ; 张方敏, 段春锋,
张凯迪副主编. -- 北京 : 气象出版社, 2024. 6.
(生态气象系列丛书 / 丁一汇主编). -- ISBN 978-7
-5029-8250-8

Ⅰ. P41
中国国家版本馆 CIP 数据核字第 2024Z7V751 号

淮河流域生态气象
Huaihe Liuyu Shengtai Qixiang

出版发行:气象出版社

地　　址:北京市海淀区中关村南大街 46 号　　邮政编码:100081
电　　话:010-68407112(总编室)　010-68408042(发行部)
网　　址:http://www.qxcbs.com　　E-mail:qxcbs@cma.gov.cn
责任编辑:王　迪　　　　　　　　终　审:张　斌
责任校对:张硕杰　　　　　　　　责任技编:赵相宁
封面设计:博雅锦
印　　刷:北京地大彩印有限公司
开　　本:787 mm×1092 mm　1/16　　印　张:10.75
字　　数:275 千字
版　　次:2024 年 6 月第 1 版　　　　印　次:2024 年 6 月第 1 次印刷
定　　价:110.00 元

编委会

前言

淮河流域地处我国南北气候、高低纬度和海陆相三种过渡带的重叠区域，天气气候复杂多样，流域内河网交错，土地肥沃，具有丰富的光热水资源，是长江经济带、长三角一体化、中原经济区的共同覆盖区域，是我国重要的粮食生产基地、能源矿产基地和制造业基地，具有重要战略地位。流域人口密度居各大江大河流域之首，但同时流域复杂多变的天气气候条件，加上"三面环山、西高、东低、中洼"的特殊地形，极易产生洪涝和干旱灾害，平均5年一涝、4年一旱，是我国七大流域中旱涝灾害最频繁的流域，给人民生命安全、粮食安全和生态安全带来严重挑战。2020年8月，习近平总书记在淮河王家坝考察时强调："淮河是新中国成立后第一条全面系统治理的大河""要把治理淮河的经验总结好，认真谋划'十四五'时期淮河治理方案。"

作为我国南北气候自然分界线，淮河受东亚季风影响显著，是我国梅雨系统主要活动区和降水变率最大地区之一。淮河流域是研究能量和水分循环的理想试验场，一直以来是大气科学研究的热点区域。1996—2001年，由著名科学家赵柏林院士主持，中日联合开展了第一次淮河流域大气科学试验——淮河流域能量与水循环试验（简称为第一次淮河试验，HUBEX）。第一次淮河试验是全球能量与水分循环试验计划（GEWEX）在亚洲季风区开展的气象、水文观测试验，是20世纪我国大气科学领域四大科学试验之一，1998年被评为我国基础研究十大新闻之一。试验及后续研究取得大量成果，产生了显著的社会效益与经济效益。

随着全球气候变化和人类活动影响加剧，淮河流域的能量与水以及碳循环正在发生重大改变，使得旱涝和极端灾害性天气的发生更加频繁，严重威胁淮河流域防灾减灾、粮食安全、生态文明建设和经济社会高质量发展。第一次淮河试验距今已20多年，淮河流域的天气气候和生态环境变化出现了新的规律特征。2018年11月，经国务院批准，《淮河生态经济带发展规划》正式印发，从生态的角度对流域气象科研业务服务提出新的更加全面的要求。2022年，安徽省人民政府与中国气象局签署战略合作协议，将"启动第二次淮河流域气象科学任务"列为气象科技创新能力建设任务之一，并于2022年9月正式启动第二次淮河流域大气科学试验。

淮河流域的生态气候变化、人类活动影响及其地气间相互作用是第二次淮河流域大气科学试验的重要研究内容，在多项基金项目和研究课题的支持下，研究团队围绕淮河流域生态气象开展了初步研究，以期为第二次淮河流域大气科学试验提供相应的预研基础。本书将重点围绕淮河流域生态气候条件、生态质量、生态过程、陆气通量、生态服务功能等方面总结相关的研究成果，厘清新特征新规律，并分析气候影响和关键因子，为进一步理解气候变化和人类活动下淮河流域生态气象的演变规律、认知能量与碳水循环过程及其影响提供参考。

本书基于常规气象观测、农业气象观测、通量观测、大气成分观测等数据，结合卫星遥感资料，以统计分析、遥感反演、数值模拟等多种手段，由点及面研究了淮河流域生态气候资源、生态气候灾害、生态类型及质量、生态过程及气候影响、陆气通量、大气环境和生态服务功能等方面。本书由卢燕宇主编,张方敏、段春锋、张凯迪副主编,共分为9章。各章编写人员分别是:第1章淮河流域概况由卢燕宇、侯灿、张凯迪编写;第2章流域生态气候资源由邓汗青、杨玮、侯灿、卢燕宇编写;第3章流域生态气象灾害由杨玮、姚筠、邓汗青、卢燕宇编写;第4章流域生态类型及生态质量由霍彦峰、陈心桐、张宏群、何彬方、卢燕宇编写;第5章流域生态过程及气候影响由唐为安、张方敏、姚筠、卢燕宇编写;第6章流域生态系统碳通量由段春锋、张方敏、张凯迪、方砚秋、虞晓兰、卢燕宇编写;第7章流域地表水热通量由段春锋、张方敏、翁升恒、张凯迪、卢燕宇编写;第8章流域大气环境由侯灿、何彬方、张浩、卢燕宇编写;第9章流域生态服务功能由张方敏、华朗钦、余慧婕、张凯迪、卢燕宇编写。书中空间分布图由张宏群统一绘制,书稿由张凯迪统一校核。除上述人员外,还有很多人在资料收集、数据分析和文献整理等方面作出了重要贡献,在此一并表示感谢。

本书的出版得到国家自然科学基金"淮河流域水循环异常及影响研究"(U2342206)、中国气象局创新发展专项"淮河流域生态服务功能及其气候驱动力研究"(CXFZ2023J073)、安徽省重点研究与开发计划"基于气象水文耦合的中小河流致灾暴雨风险监测预警技术研究"(2022m07020003)、国家出版基金"生态气象系列丛书"等项目的资助。

本书主要面向气象、农牧、林草、应急管理、生态环境等部门,有助于理解生态气象监测评估技术方法。此外,亦可作为同行部门拓展生态气象业务和开展生态气象研究的参考资料。同时还须说明,由于生态气象涉及面广,相关的研究很多,我们的研究成果具有局限性,且限于篇幅,难免有所疏漏,恳请读者多提宝贵意见,以便我们不断丰富和完善淮河流域生态气象的研究内容。

作者

2024 年 1 月

目录

第1章
淮河流域概况

1.1 地理地貌

淮河流域地处我国中东部,位于 111°55′—121°25′E,30°55′—36°36′N,面积为 27 万 km²。西起桐柏山、伏牛山,东临黄海,南以大别山、江淮丘陵、通扬运河和如泰运河与长江流域接壤,北以黄河南堤和沂蒙山脉与黄河流域毗邻。流域内以废黄河为界分为淮河和沂沭泗河两大水系,面积分别为 19 万 km² 和 8 万 km²。淮河流域西部、南部和东北部为山丘区,面积约占流域总面积的 1/3,其余为平原(含湖泊和洼地),是黄淮海平原的重要组成部分(图 1.1)。

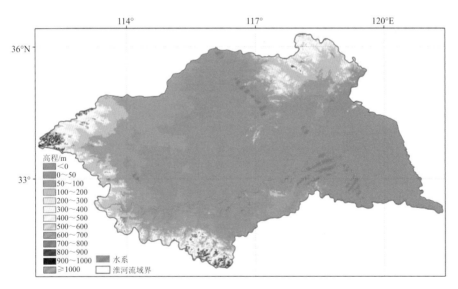

图 1.1 淮河流域地形概况

淮河发源于河南省桐柏山,自西向东流经河南、湖北、安徽、江苏 4 省,主流在江苏扬州三江营入长江,全长约 1000 km,总落差 200 m。淮河下游主要有入江水道、入海水道、苏北灌溉总渠、分淮入沂水道和废黄河等出路。淮河上游河道比降大,中下游比降小,干流两侧多为湖泊、洼地,支流众多,整个水系呈扇形羽状不对称分布。沂沭泗河水系位于流域东北部,由沂河、沭河、泗运河组成,均发源于沂蒙山区,主要流经山东、江苏两省,经新沭河、新沂河东流入海。两大水系间有京杭运河、分淮入沂水道和徐洪河沟通(图 1.2)。

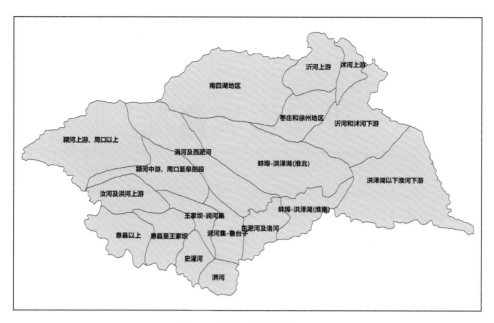

图 1.2　淮河流域水系分区

1.2　气候水文

淮河流域地处我国南北气候过渡带,北部属于暖温带半湿润季风气候区,南部属于亚热带湿润季风气候区。流域内天气系统复杂多变,降水量年际变化大,年内分布极不均匀。淮河流域的气候特点是季风显著、四季气温变化分明。春季因受季风交替影响,时冷时热;夏季西南气流与东南季风活跃,气温高、降水多;秋季天高气爽,多晴天;冬季受干冷的西北气流控制,常有冷空气侵入,气温低、降水少。流域年平均气温 13.2～15.7 ℃,气温南高北低,气温年均差 25.1～28.8 ℃。年均相对湿度 66%～81%,南高北低,东高西低。流域无霜期为 200～220 d。流域年平均日照时数 1990～2650 h,从东北部向西南部逐渐减少。

淮河流域多年平均降水量约为 920 mm,其分布状况大致是由南向北递减,山区多于平原,沿海大于内陆。流域内有三个降水量高值区:一是伏牛山区,年平均降水量为 1000 mm 以上;二是大别山区,超过 1400 mm;三是下游近海区,大于 1000 mm。流域北部降水量最少,低于 700 mm。降水量年际变化较大,最大年雨量为最小年雨量的 3～4 倍。降水量的年内分配也极不均匀,汛期(6—9 月)降水量占年降水量的 50%～80%。淮河流域 5—8 月的汛期 3 个月通常降水 500～600 mm,特别是 6 月、7 月,江淮地区特有的梅雨季节,降水可持续 1～2 个月,范围之大,可覆盖全流域;丰水年和贫水年交替,降水量平均相差 4～5 倍。产生淮河流域暴雨的天气系统为台风(包括台风倒槽)、涡切变、南北向切变和冷式切变线,以前两种居多。在雨季前期,主要是涡切变型,后期则有台风参与。台风路径遍及全流域。暴雨走向与天气系统的移动大体一致,台风暴雨的中心移动与台风路径有关。冷锋暴雨多自西北向东南移动,低涡暴雨通常自西南向东北移动,随着南北气流交绥,切变线或锋面作南北向、东南—西北向摆动,暴雨中心也作相应移动。

淮河流域多年平均径流量为 621 亿 m³,其中淮河水系 453 亿 m³,沂沭泗水系 168 亿 m³。淮河流域平均年径流深约 231 mm,其中淮河水系为 238 mm,传统的沂沭泗水系为 215 mm。淮安、阜宁、滨海境内的苏北灌溉总渠开通以后,原来里下河北部地区也都纳入到了淮河水系。淮河干流各控制站汛期实测来水量占全年的 60% 左右,沂沭泗水系各支流汛期水量所占比重更大,为全年的 70%～80%。

淮河原是一条独流入海的河流,自 12 世纪起,黄河夺淮近 700 a,极大地改变了流域原有水系形态,淮河失去入海尾闾,中下游河道淤塞,淮河水患不断加剧,黄河夺淮初期的 12 世纪、13 世纪,淮河平均每百年发生水灾 35 次,16 世纪至新中国成立初期的 450 年间,平均每百年发生水灾 94 次。新中国成立以来,1950 年、1954 年、1957 年、1975 年、1991 年、2003 年、2007年、2020 年等年份淮河发生了较大洪涝灾害,1966 年、1978 年、1988 年、1994 年、2000 年、2009年、2014 年、2019 年等年份发生了较大旱灾。

1.3 生态环境

淮河流域自然生态系统主要包括森林生态系统和湿地生态系统。淮河干流山丘区人口稠密,人地矛盾突出,土地资源的缺乏等对生态系统的水土保持、水源涵养等生态功能造成了一定影响(燕乃玲 等,2007)。湿地生态系统是水陆交互作用下的独特生态系统,是水陆之间的过渡地带,具有独特的生态结构与功能,被誉为"自然之肾"(李克让 等,2005)。沿淮干流的大量湖泊湿地在调节洪水、灌溉农耕和繁衍生物多样性等方面,发挥了重要的生态服务功能。然而,随着气候变化和人类活动的加剧,淮河流域洪旱灾害频发,水资源紧缺,水污染加重,给流域湿地生态系统带来损害(叶正伟,2007)。

淮河是中国最早进行水污染综合治理的重点河流之一,被国家列为重点治理的"三河三湖"之首。随着《淮河生态经济带发展规划》等重要战略的批复和实施,淮河流域生态保护修复力度不断加大,生态环境持续向好。以淮河源为代表的区域已成为国家级生态功能保护区。淮河上游源头区域,总土地面积 21109 km²,2001 年国家环境保护总局将河南省信阳市 10 个区(县)和南阳桐柏县等 11 个区(县)所属区域作为"南水北调"的重要水源区,批准为淮河源国家级生态功能保护区试点,加强对该区域水资源及生物多样性的保护工作。2008 年,环境保护部与中国科学院联合发布《全国生态功能区划》,将该区域确定为国家重要生态功能区;2010年,国务院发布《全国主体功能区规划》,将该区域部分地区确定为国家重点生态功能区;2010年,国务院批准实施《中国生物多样性保护战略与行动计划》(2011—2030 年),将该区域确定为大别山区生物多样性保护优先区域。淮河源生态功能与生物多样性保护的战略地位已引起国际国内的高度关注。

1.4 经济社会

淮河流域人口密集,土地肥沃,资源丰富,交通便利,是长江经济带、长三角一体化、中原经济区的覆盖区域,也是大运河文化带主要集聚地区,在我国经济社会发展大局中具有十分重要的地位。流域跨河南、湖北、安徽、江苏、山东 5 省(由于湖北省的淮河流域面积仅 1410 km²,通常说淮河流域地跨豫、皖、苏、鲁 4 省)40 个地级市,237 个县(市、区),2018 年常住人口约

1.64亿(户籍人口约1.91亿),约占全国总人口的11.8%,城镇化率为54.2%,流域平均人口密度为607人/平方千米,是全国平均人口密度的4.2倍。2018年国内生产总值8.36万亿元。流域耕地面积约2.21亿亩[①],约占全国耕地面积11%,粮食产量约占全国总产量的1/6,提供的商品粮约占全国的1/4。流域内矿产资源丰富,其中煤炭探明储量700亿t,两淮煤电基地通过"皖电东送"工程每年可外送上海等地超500亿度电量,是华东地区主要的煤电基地。淮河流域是我国重要的交通枢纽区域,区内铁路干线纵贯南北、横跨东西,高速公路四通八达,京杭运河、淮河等航道通江达海。

淮河流域是中华文明的发祥地之一,曾孕育了光辉灿烂的古代文化,诞生了老子、孔子、墨子、孟子、庄子等众多思想家,历史文化底蕴深厚,现有郑州、开封、曲阜、亳州、扬州、淮安等10余座国家历史文化名城。淮河流域水利发展历史悠久,春秋战国时期的芍陂灌溉工程和邗沟、鸿沟人工运河,隋唐的汴渠,元明清三代修建的京杭运河和洪泽湖大堤等,在我国水利发展史上都具有十分重要的地位。2014年中国大运河入选世界文化遗产名录,2015年芍陂入选世界灌溉工程遗产名单。淮河流域特有的地域文化魅力,在我国历史进程中大放异彩。

---

① 1亩≈666.7 m²,余同。

第 2 章
流域生态气候资源

2.1 光照资源时空变化特征

淮河流域多年平均日照时数(1991—2020 年)基本呈西南向东北逐渐升高的空间分布,沂沭泗地区日照时数为 2000～2400 h,大别山区大部低于 1800 h,为日照时数低值区(图 2.1)。

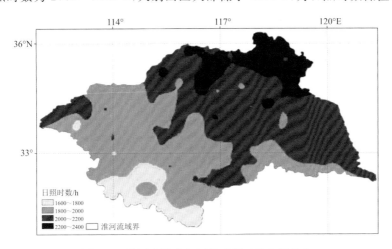

图 2.1　淮河流域多年平均日照时数空间分布

1961—2022 年,淮河流域年平均日照时数呈现明显的下降趋势,平均每 10 a 减少 7.0 h。2000 年之前基本高于多年平均值,之后以偏少为主。年平均日照时数最高的是 1966 年,其次是 1967 年,第三高是 1978 年,均出现在 20 世纪 80 年代之前;最低的是 2003 年,其次是 2015 年,第三低是 2007 年,均出现在 21 世纪 00 年代前后(图 2.2)。

2.2 热量资源时空变化特征

2.2.1 平均气温

淮河流域多年平均气温(1991—2020 年)基本呈东北向西南逐渐升高的空间分布,沂沭泗地区气温为 13.0～15.0 ℃,其他大部分地区为 15.0～16.6 ℃,其中大别山区大部超过 16.0 ℃,为气温高值区(图 2.3)。

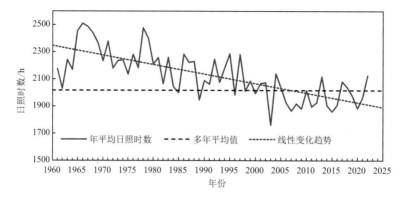

图 2.2　1961—2022 年淮河流域年平均日照时数历年变化

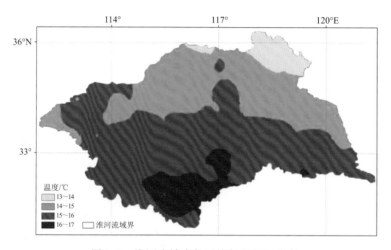

图 2.3　淮河流域多年平均气温空间分布

　　1961—2022 年,淮河流域年平均气温呈现明显的上升趋势,平均每 10 a 上升 0.26 ℃。1994 年之前除 1961 年外其他年份均低于多年平均值,之后以偏高为主,2013 年以来偏高尤为明显。年平均气温最高的是 2022 年,其次是 2017 年和 2019 年,第三高是 2018 年,均出现在 21 世纪 10 年代以后;最低的是 1969 年,其次是 1984 年,第三低是 1972 年、1980 年和 1985 年,均出现在 20 世纪 90 年代之前(图 2.4)。

　　一年四季中春季、秋季和冬季平均气温均有明显的升高趋势,其中冬季升高趋势最为明显,其次是春季,然后是秋季,而夏季没有明显的变化趋势。1961—2022 年,淮河流域冬季(前一年 12 月—当年 2 月)平均气温平均每 10 a 上升 0.37 ℃;1997 年以前较常年偏冷,之后偏暖明显;气温最高的是 2020 年,其次是 1999 年和 2017 年,再次是 2021 年;气温最低的是 1968 年,其次是 1969 年和 1972 年,第三低是 1964 年(图 2.5d)。1961—2022 年,春季平均气温平均每 10 a 上升 0.35 ℃;2000 年以前较常年偏冷,之后偏暖明显;春季气温最高的是 2022 年和 2014 年,其次是 2018 年,再次是 2017 年;气温最低的是 1991 年,其次是 1980 年,再次是 1963 年(图 2.5a)。1961—2022 年,秋季平均气温平均每 10 a 上升 0.23 ℃;1998 年以前较常年偏冷,之后偏暖明显;秋季气温最高的是 1998 年,其次是 2006 年,再次是 2019 年;气温最低的是 1981 年,其次是 1992 年,再次是 1967 年(图 2.5c)。1961—2022 夏季平均气温没有明显的变化趋势,以年际波动为主(图 2.5b)。

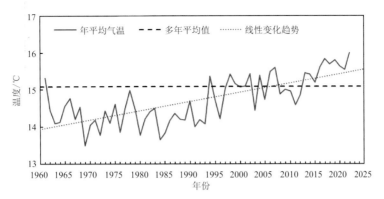

图 2.4 1961—2022 年淮河流域年平均气温历年变化

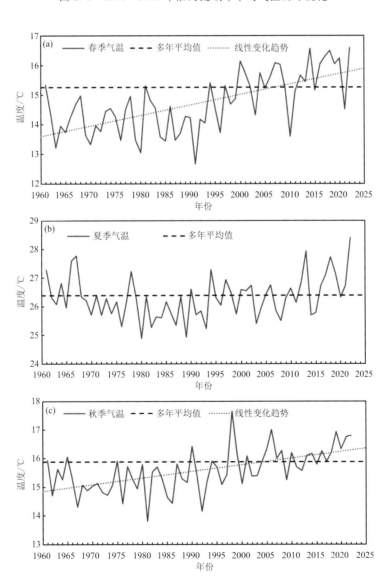

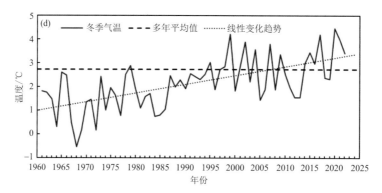

图 2.5　1961—2022 年淮河流域春季(a)、夏季(b)、秋季(c)和冬季(d)平均气温历年变化

2.2.2　最高最低气温

淮河流域多年平均最高气温(1991—2020 年)呈由东北向西南逐渐升高的空间分布,沂沭泗地区中东部和里下河地区中北部为 17.7~20.0 ℃,其他地区为 20.0~21.6 ℃,其中大别山区为高值区,超过 21.0 ℃(图 2.6a)。淮河流域多年平均最低气温呈由北向南逐渐升高的分布,

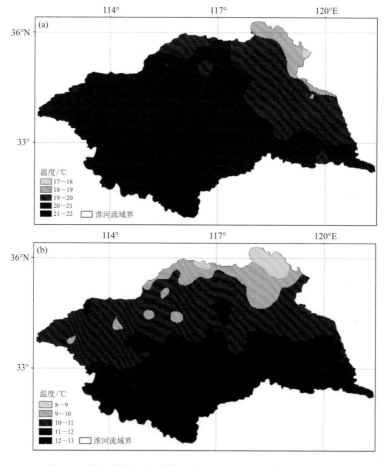

图 2.6　淮河流域多年平均最高(a)和最低(b)气温空间分布

沂沭泗地区和流域西北部地区为 8.3～11.0 ℃,其他地区为 11.0～13.0 ℃,其中淮河干流以南大部地区超过 12.0 ℃(图 2.6b)。

1961—2022 年,淮河流域年平均最高气温明显上升,平均每 10 a 上升 0.18 ℃,上升速率低于年平均气温;1994 年之前以偏低为主,之后总体偏高(图 2.7a)。1961—2022 年,流域年平均最低气温显著上升,平均每 10 a 上升 0.37 ℃,高于年平均气温和最高气温的上升速率;也是 1994 年以前以偏低为主,之后总体偏高(图 2.7b)。

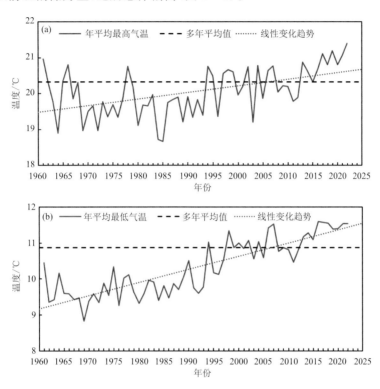

图 2.7   1961—2022 年淮河流域年平均最高(a)和最低气温(b)历年变化

2.2.3   气温日较差

淮河流域多年平均气温日较差(1991—2020 年)气候态基本呈北高南低的分布,淮河流域中北部为 9.0～11.1 ℃,南部地区为 7.1～9.0 ℃(图 2.8),与多年平均最低气温分布基本呈反位相。

1961—2022 年,淮河流域年平均气温日较差呈现明显的下降趋势,平均每 10 a 下降 0.18 ℃;2000 年以前以偏大为主,之后以偏小为主(图 2.9)。

2.3   水资源时空变化特征

2.3.1   降水量

淮河流域多年平均年降水量(1991—2020 年)从北到南逐渐增多,流域中北部为

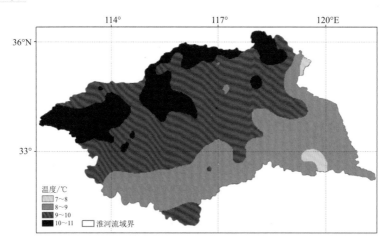

图 2.8　淮河流域多年平均气温日较差空间分布

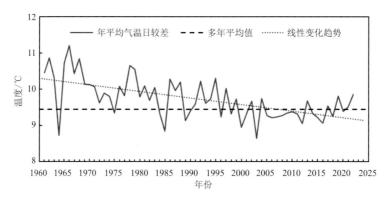

图 2.9　1961—2022 年淮河流域年平均气温日较差历年变化

564～900 mm,南部地区为 900～1408 mm,其中大别山区超过 1100 mm,为降水高值区
(图 2.10)。

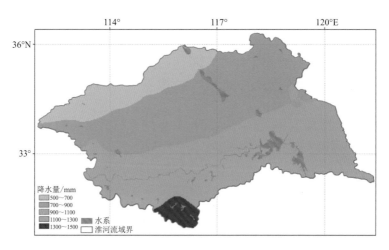

图 2.10　淮河流域多年平均年降水量空间分布

1961—2022 年,淮河流域平均年降水量无显著的线性变化趋势,但年际和年代际变化明显。1976—1983 年、1992—2001 年和 2009—2014 年降水以偏少为主,而 2003—2008 年和 2016 年以来总体偏多。年降水量最多是 2003 年 1257.6 mm,较多年平均值偏多 404.7 mm,其次是 2021 年,再次是 1964 年;最少是 1966 年 517.3 mm,较多年平均值偏少 335.6 mm,其次是 1978 年,第三少是 1988 年(图 2.11)。

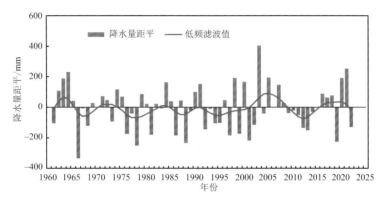

图 2.11　1961—2022 年淮河流域平均年降水量距平变化

2.3.2　降水日数

淮河流域多年平均年降水日数(1991—2020 年)空间分布与年降水量基本一致,也从北向南逐渐增多,流域北部降水日数为 69~85 d,流域中南部为 85~139 d,其中淮河干流中上游及其以南地区、中下游以南地区和里下河南部超过 105 d,大别山区超过 125 d,为降水日数高值区(图 2.12)。

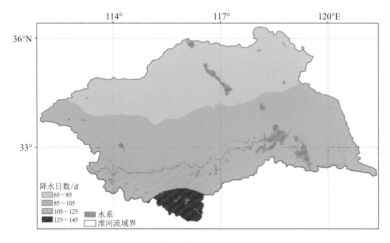

图 2.12　淮河流域多年平均年降水日数空间分布

1961—2022 年,淮河流域平均年降水日数呈明显的减少趋势,平均每 10 a 减少 1.7 d,并伴随明显的年际和年代际变化。1961—1993 年降水日数较多年平均值偏多,1994—2002 年和 2006—2013 年以偏少为主,2014 年之后又转为偏多为主。降水日数最多的是 1964 年 127 d,

较多年平均值偏多 37 d,其次是 2003 年,第三多是 1985 年;最少是 2022 年 72 d,较多年平均值偏少 18 d,其次是 1995 年,再次是 1978 年(图 2.13)。

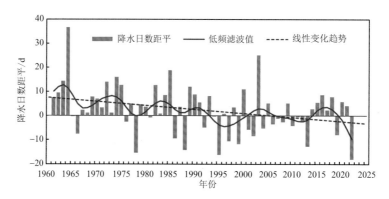

图 2.13 1961—2022 年淮河流域平均年降水日数距平变化

2.3.3 降水强度

淮河流域西北部和干流中部及其以南地区多年(1991—2020 年)平均年降水强度为 9.8~13.0 mm·d^{-1},其他地区为 13.0~15.0 mm·d^{-1},其中沂沭泗地区中部超过 14.0 mm·d^{-1},为降水强度高值区(图 2.14)。

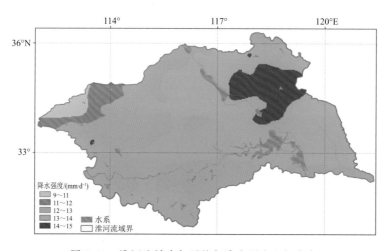

图 2.14 淮河流域多年平均年降水强度空间分布

1961—2022 年,淮河流域平均年降水强度呈现显著的增强趋势,平均每 10 a 增加 0.2 mm·d^{-1},并伴随明显的年际和年代际变化。1961—1994 年降水强度偏弱,2004—2010 年偏强。降水强度最强的是 2021 年为 16.2 mm·d^{-1},较常年偏强 3.1 mm·d^{-1},其次是 2020 年,再次是 2007 年;降水强度最弱的是 1966 年 9.6 mm·d^{-1},较常年偏弱 3.5 mm·d^{-1},其次是 2001 年,再次是 1981 年(图 2.15)。

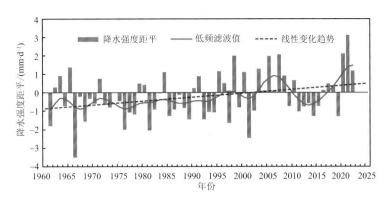

图 2.15　1961—2022 年淮河流域平均年降水强度距平变化

2.4　本章小结

（1）淮河流域光照资源空间分布为东北部多，西部及南部少，1961—2022 年日照时数显著下降。

（2）淮河流域气温空间分布从东北向西南逐渐升高，1961—2022 年气候变暖特征明显，一年四季中春季、秋季和冬季平均气温均有明显的升高趋势，其中冬季升高趋势最为明显，其次是春季，然后是秋季，而夏季没有明显的变化趋势。年平均气温日较差空间分布上呈现由北部向南部递减的特点，1961—2022 年气温日较差显著下降。

（3）淮河流域降水资源从北到南逐渐增多，大别山区为高值区，1961—2022 年流域平均年降水量变化趋势不明显。淮河流域多年平均年降水日数空间分布与年降水量基本一致，也从北向南逐渐增多，1961—2022 年淮河流域平均年降水日数呈明显的减少趋势。淮河流域内沂沭泗中部地区降水强度最大，1961—2022 年淮河流域平均年降水强度呈现显著的增强趋势。

第3章
流域生态气象灾害

3.1 旱涝灾害评估指标及其变化特征

3.1.1 暴雨日数

淮河流域多年平均年暴雨日数(1991—2020 年)基本呈北少南多的空间分布,流域北部大部为 0.9～3.0 d,其他地区 3.0～4.7 d,其中大别山区和里下河部分地区超过 4 d,为暴雨日数高值区(图 3.1)。

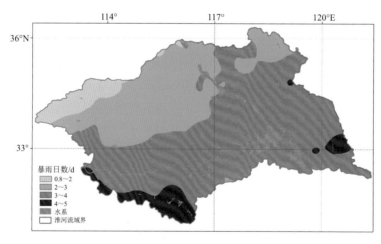

图 3.1　1991—2020 年淮河流域年平均年暴雨日数空间分布

1961—2022 年淮河流域平均年暴雨日数没有明显的变化趋势,但年际和年代际变化明显。1961—2002 年和 2011—2017 年暴雨日数较多年平均值偏少,2003—2010 年则较常年偏多。暴雨日数最多的是 2003 年 5.1 d,较常年偏多 2.1 d,其次是 2021 年,再次是 2007 年;最少的是 1966 年 1.0 d,较常年偏少 2.0 d,第二少是 1978 年、1981 年、1997 年和 2001 年,第三少是 1976 年、1988 年、1999 年和 2014 年(图 3.2)。

1961—2022 年流域西北部部分地区暴雨日数略有减少,其他大部地区暴雨日数以增加为主,其中沂沭泗北部部分地区和里下河南部等地增加趋势明显(图 3.3)。

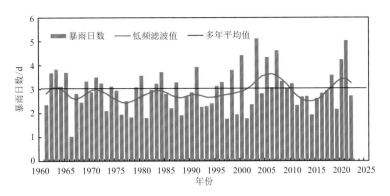

图 3.2　1961—2022 年淮河流域平均年暴雨日数历年变化

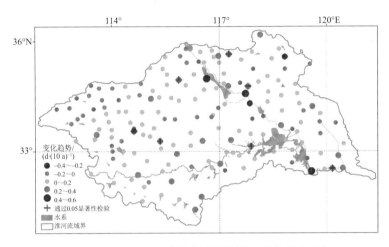

图 3.3　1961—2022 年淮河流域年暴雨日数变化趋势

3.1.2　旱涝指数

采用累积湿润度指数作为旱涝指标反映流域农田生态旱涝灾害状况,累积湿润度指数 M_a 为逐旬值,考虑了前期旱涝的影响,可反映农田生态旱涝情况的动态变化,其计算公式为:

$$M_a = \alpha M_0 + (1-\alpha)\left[\sum_{i=1}^n \left(\frac{n+1-i}{\sum_{i=1}^n i} \times M_i\right)\right] \tag{3.1}$$

式中:M_a 为某旬的累积湿润度指数;α 为权重系数;M_0 为本旬相对湿润度指数;M_i 为前 i 旬的相对湿润度指数;n 为向前滚动的旬数,因季节而异,冬季为 5 旬,春秋季为 4 旬,夏季为 3 旬。

旬相对湿润度指数 M_i 的计算公式为:

$$M_i = \frac{P - ET_m}{ET_m} \tag{3.2}$$

式中:M_i 为计算时段内的相对湿润度指数;P 为相应时段的降水量;ET_m 为某作物相应时段的作物潜在蒸散量。其计算式为:

$$ET_m = K_c \cdot ET_0 \tag{3.3}$$

式中:ET_0 为相应时段的参考作物蒸散量,采用 1998 年 FAO 推荐并修订的 FAO Penman-

Monteith 模型计算;K_c 为相应时段的作物系数。

计算出累积湿润度指数后,根据淮河流域所在的半湿润区的旬旱涝等级标准(表3.1)划分旱涝等级。

表 3.1　累积湿润度指数(M_a)区域旬旱涝等级标准

等级	类型	半湿润区指标
1	特涝	$M_a > 4.00$
2	重涝	$4.00 \geqslant M_a > 3.00$
3	中涝	$3.00 \geqslant M_a > 1.50$
4	轻涝	$1.50 \geqslant M_a > 0.50$
5	正常	$0.50 \geqslant M_a > -0.50$
6	轻旱	$-0.50 \geqslant M_a > -0.75$
7	中旱	$-0.75 \geqslant M_a > -0.85$
8	重旱	$-0.85 \geqslant M_a > -0.95$
9	特旱	$M_a \leqslant -0.95$

采用累积湿润度指数作为衡量区域农业旱涝强度的指标,对淮河流域 2019 年的旱涝情况进行评估。2019 年 1 月流域内出现了重涝,但持续时间不长,其后以正常和轻到中旱为主。其中 3 月下旬到 5 月下旬(第 9—15 旬)出现了持续时间较长的干旱,程度达到中旱。11 月上旬至 12 月上旬(第 31—34 旬)又出现了持续一个多月的轻旱。总体来看,全年 36 旬中,一半时间(18 旬)水分条件正常,即农业水分供需基本平衡,水分条件适宜农作物生长;有 12 旬出现了不同程度的旱情(8 旬出现轻旱,4 旬出现中旱),有 6 旬出现了涝灾,主要集中出现在 1 月和 2 月(图 3.4)。

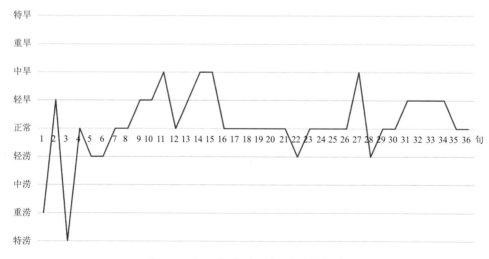

图 3.4　2019 年淮河流域逐旬农业旱涝

从各市县农业旱涝发生频率来看,大部分市县干旱发生频率较高,超过 40%,涝发生的频率较低,不足 20%(图 3.5)。

从空间分布上看,农业干旱发生频率由北向南、由中部向东西两侧递减。流域北部大部分

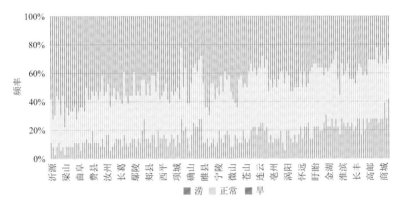

图 3.5　2019 年各台站农业旱涝发生频率

地区干旱发生频率超过 50%，表明该区域 2019 年有一半以上的时间出现了旱情，其中鄄城、梁山、金乡干旱发生频率最高，超过 70%；流域西南部和东南部干旱发生较少，不到 30%（图 3.6）。

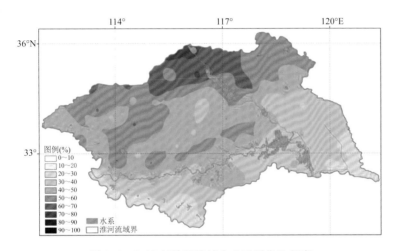

图 3.6　2019 年淮河流域农业干旱发生频率

3.2　高温灾害评估指标及其变化特征

采用年高温日数和年极端最高气温，对淮河流域高温灾害进行评估。

3.2.1　高温日数变化

1961—2019 年，淮河流域平均年高温日数没有明显的变化趋势，以阶段性变化为主，20 世纪 60 年代高温日数偏多，20 世纪 70 年代至 21 世纪 00 年代偏少，21 世纪 10 年代以来又转入偏多。年高温日数最多是 1967 年 33.5 d，较多年平均值偏多 23.4 d，其次是 1966 年，再次是 2013 年；最少是 2008 年 2.2 d，较多年平均值偏少 7.9 d，其次是 1987 年，第三少是 1989 年（图 3.7）。

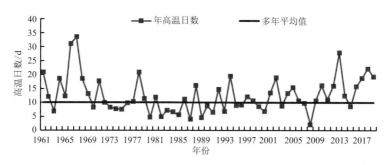

图 3.7　1961—2019 年淮河流域平均年高温日数历年变化

1961—2019 年,沂沭泗和里下河大部分地区高温日数以增加的变化趋势为主,其中有 36 个站增多趋势明显;流域西部河南境内则以减少为主,但减少趋势不明显(图 3.8)。

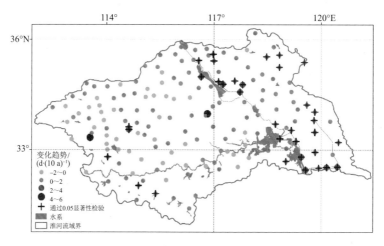

图 3.8　1961—2019 年淮河流域年高温日数变化趋势

2019 年淮河流域年高温日数空间分布为:颍河上中游、洪汝河上游、涡河下游及浍河流域为 20~40 d,淮河干流、里下河及沂沭泗东北部为 1~20 d,其中高温日数少于 10 d 的区域主要分布在流域东部(图 3.9a)。与多年平均值相比,流域高温日数普遍偏多,其中涡河上游、南四湖地区、淮河上游大坡岭至息县偏多 10~25 d,其他地区不超过 10 d(图 3.9b)。

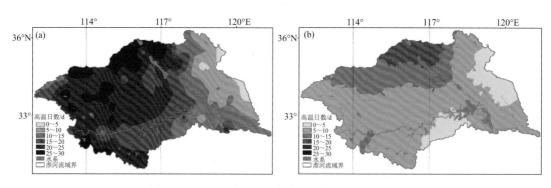

图 3.9　2019 年淮河流域年高温日数(a)和距平(b)

3.2.2 极端最高气温变化

1961—2019 年,淮河流域年极端最高气温呈现阶段性变化特征,20 世纪 60 年代至 70 年代前期较常年偏高,20 世纪 70 年代前期至 90 年代以偏低为主,21 世纪以来以年际波动为主。年极端最高气温最高为 1966 年 44.6 ℃(河南汝州气象站),第二高是 1972 年 43.7 ℃(河南郏县气象站),第三高是 1967 年 42.9 ℃(河南荥阳气象站)(图 3.10)。

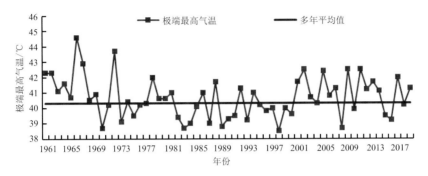

图 3.10 1961—2019 年淮河流域年极端最高气温历年变化

2019 年淮河流域年极端最高气温的空间分布为:沂沭泗大部、里下河北部及安徽省淮河以北地区 35.7~38.0 ℃,流域西北部及淮河以南 38.0~41.3 ℃,其中最高为河南荥阳 41.3 ℃(图 3.11)。

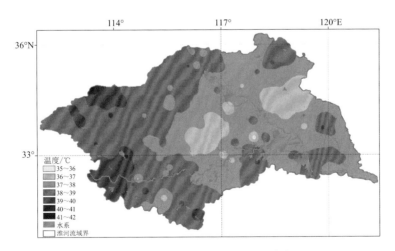

图 3.11 2019 年淮河流域年极端最高气温

3.3 低温灾害评估指标及其变化特征

采用年霜冻日数和年极端最低气温,对淮河流域低温灾害进行评估。

3.3.1 霜冻日数变化

1961—2019 年,淮河流域平均年霜冻日数呈现明显减少的趋势,平均每 10 a 减少 5.4 d;20 世纪 60—80 年代较多年平均值偏多,之后以偏少为主。霜冻日数最多是 1969 年 103.4 d,较多年平均值偏多 31.5 d,其次是 1967 年,第三多是 1970 年和 1972 年;最少是 2007 年 49.5 d,较多年平均值偏少 19.9 d,其次是 2002 年,再次是 2004 年(图 3.12)。

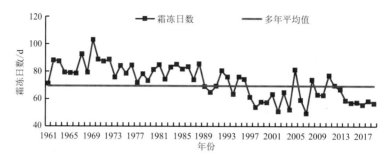

图 3.12 1961—2019 年淮河流域平均年霜冻日数历年变化

2019 年淮河流域年霜冻日数空间上呈自南向北递增分布:淮河干流及淮河以南地区 19~40 d,流域中部 40~60 d,流域北部 60~96 d,其中沂沭泗东北部超过 80 d(图 3.13a)。与多年平均值相比,流域霜冻日数普遍偏少,其中颍河上游、涡河下游及淮河以南部分地区偏少 20~37 d,南四湖、淮河上游、沂沭泗东北部及里下河地区偏少 10~20 d,其他地区偏少不超过 10 d(图 3.13b)。

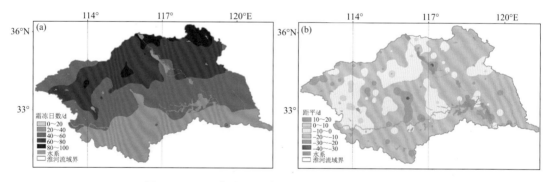

图 3.13 2019 年淮河流域年霜冻日数(a)和距平(b)

3.3.2 极端最低气温变化

1961—2019 年,淮河流域年极端最低气温呈现明显上升趋势,平均每 10 a 上升 0.64 ℃。20 世纪 80 年代中期以前年极端最低气温较多年平均值偏低,之后以偏高为主。年极端最低气温最低的是 1969 年的 −24.9 ℃(山东苍山气象站),其次是 1967 年的 −22.3 ℃(山东微山气象站),第三低是 1991 年的 −21.9 ℃(河南永城气象站)(图 3.14)。

2019 年淮河流域年极端最低气温空间上呈自南向北逐渐降低的分布:淮河干流及淮河以南地区为 −6.0~−3.0 ℃,淮河以北地区为 −13.0~−6.0 ℃,其中颍河上游、南四湖地区及沂沭泗北部低于 −9.0 ℃(图 3.15)。

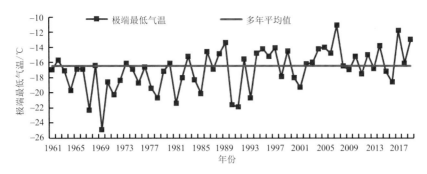

图 3.14　1961—2019 年淮河流域年极端最低气温历年变化

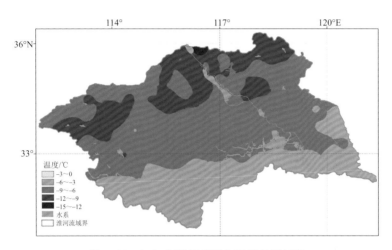

图 3.15　2019 年淮河流域年极端最低气温

3.4　本章小结

（1）淮河流域暴雨日数呈北少南多的空间分布，大别山区和里下河部分地区为暴雨日数高值区。1961—2022 年淮河流域平均年暴雨日数没有明显的变化趋势，但年际和年代际变化明显。流域西北部暴雨日数略有减少，其他地区以增加为主。利用旱涝指数监测表明，2019 年淮河流域农业干旱发生频率由北向南、由中部向东西两侧递减，年内流域北部干旱较为严重，主要发生在 3 月下旬至 5 月下旬和 11 月上旬至 12 月上旬。

（2）淮河流域高温日数西多东少，大别山区和流域中西部部分地区为高值区。1961—2019 年流域高温日数没有明显的变化趋势，以阶段性变化为主。各地区高温日数变化趋势不一，沂沭泗和里下河大部分地区高温日数以增加的变化趋势为主，流域西部河南境内则以减少为主。淮河流域年极端最高气温呈现阶段性变化特征，21 世纪以来以年际波动为主。

（3）淮河流域霜冻日数北多南少，1961—2019 年霜冻日数呈现明显减少的趋势。流域年极端最低气温呈现明显上升趋势。低温灾害总体上趋于减少。

第4章
流域生态类型及生态质量

4.1 不同生态类型分布及面积变化

采用基于1985—2021年Landsat数据的中国土地利用年度变化产品(China's Land-Use/Cover Datasets,CLUD)(Yang et al.,2022),探究淮河流域农田、森林、水体(湿地)和城镇空间分布特征,基于10 km×10 km格网计算淮河流域生态类型面积变化率的空间分布情况。

4.1.1 农田分布及面积变化

2021年淮河流域农田分布范围基本覆盖整个淮河流域地区(图4.1)。自1985年以来淮河流域农田面积呈减少趋势,农田面积减少区域主要分布于大型城市周边(图4.2)。1985—2021年流域农田面积由219653 km²下降至196538 km²;自2013年后,农田面积减少趋势放缓。相比2020年,2021年淮河流域农田面积减少约89 km²(图4.3)。

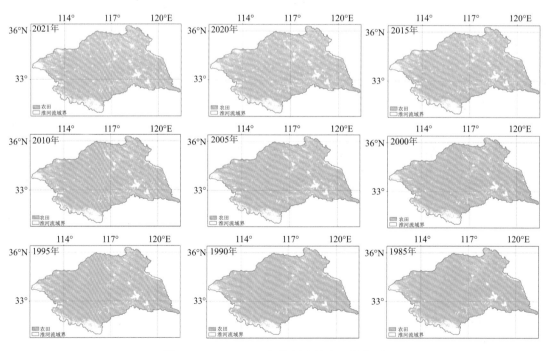

图4.1　1985—2021年淮河流域农田分布图

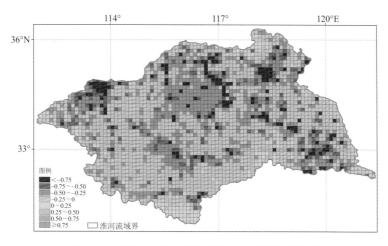

图 4.2　1985—2021 年淮河流域农田面积变化率

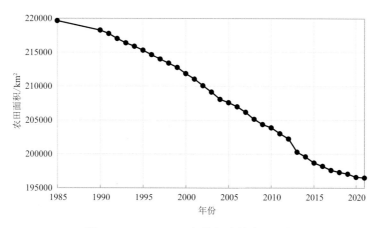

图 4.3　1985—2021 年淮河流域农田面积

4.1.2　森林分布及面积变化

淮河流域森林主要分布于大别山区和桐柏山区北麓(图 4.4)。1985—2021 年淮河流域森林面积总体呈现增加趋势,增加区域主要分布在淮河流域西部山区(图 4.5)。1985—1995 年淮河流域森林面积由 17853 km²增加至 18040 km²,1995—2000 年森林面积呈减少趋势,由18033 km²减少至 17133 km²;2000—2015 年森林面积增加至 18712 km²,2015 年之后流域森林面积呈下降趋势。相比 2020 年,2021 年淮河流域森林面积减少约12 km²(图 4.6)。

4.1.3　水体(湿地)分布及面积变化

淮河流域水体(湿地)主要为淮河水系和泗、沂、沭河水系,包含洪泽湖、南四湖、骆马湖、高邮湖等大型湖泊(图 4.7)。1985—2021 年南四湖、洪泽湖水体面积呈增加趋势,淮河流域西南部水体面积呈减少趋势(图 4.8)。1985—2008 年淮河流域水体面积由 8238 km²增加至10828 km²,2009—2021 年水体面积呈减少趋势,由 10805 km²减少至 9933 km²(图 4.9)。

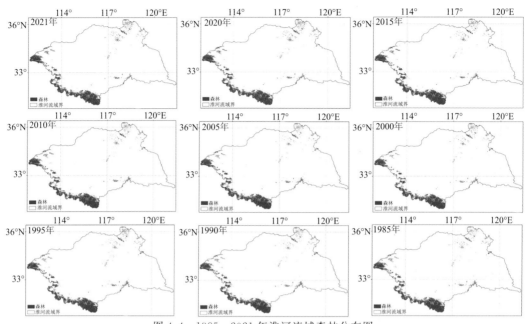

图 4.4　1985—2021 年淮河流域森林分布图

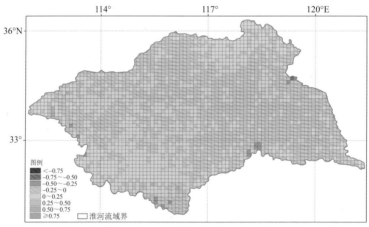

图 4.5　1985—2021 年淮河流域森林面积变化率

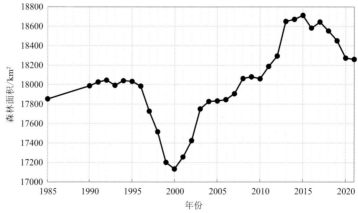

图 4.6　1985—2021 年淮河流域森林面积

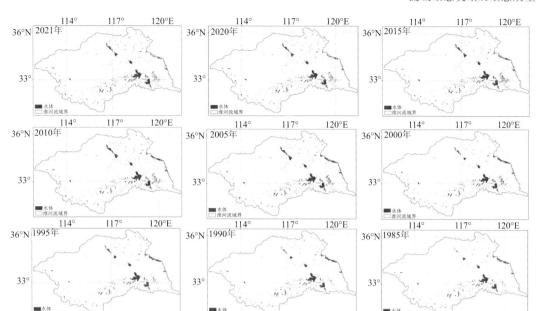

图 4.7 1985—2021 年淮河流域水体分布图

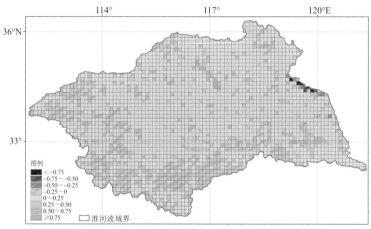

图 4.8 1985—2021 年淮河流域水体面积变化率

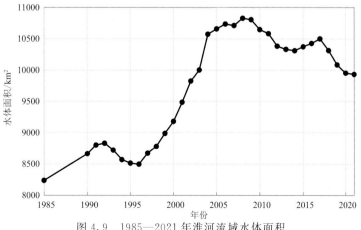

图 4.9 1985—2021 年淮河流域水体面积

4.1.4 城镇分布及面积变化

淮河流域城镇主要沿淮河水系分布,包含郑州、开封、平顶山、许昌、漯河、信阳、淮南、淮北、蚌埠、徐州、淮阴、扬州、连云港、兖州、济宁和枣庄等重要城市(图4.10)。1985—2021 年淮河流域城镇面积总体呈增加趋势,以流域西北、东部和中部地区城镇面积增长较快(图4.11),37 a 间流域城镇面积由 21039 km^2 增加至 43788 km^2(图4.12)。

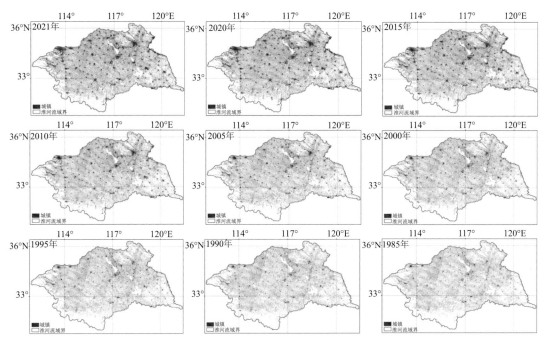

图 4.10　1985—2021 年淮河流域城镇分布图

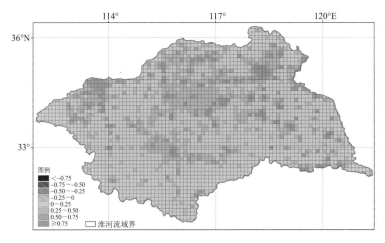

图 4.11　1985—2021 年淮河流域城镇面积变化率

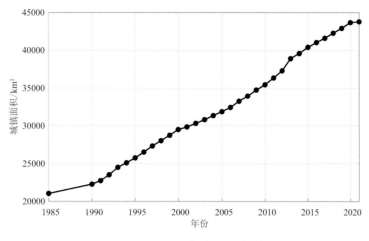

图 4.12　1985—2021 年淮河流域城镇面积

4.2　生态质量评估指标、方法及其时空变化

4.2.1　生态质量评估指标

4.2.1.1　植被净初级生产力

植被净初级生产力:绿色植物在单位面积、单位时间内所能积累的有机物数量,一般以每平方米干物质的含量($gC \cdot m^{-2}$)来表示,简称 NPP(Net primary productivity)。

植被固碳释氧量:植被通过光合作用固定大气二氧化碳(CO_2)和释放氧气(O_2)的量。

4.2.1.2　植被覆盖度

植被覆盖率:植被地上部分垂直投影面积占地面面积的百分比。

利用气象卫星月合成的 1 km 分辨率的归一化植被指数 NDVI 产品,利用式(4.1)计算得到月植被覆盖率:

$$FVC=\frac{NDVI-0.05}{0.95-0.05} \tag{4.1}$$

式中,FVC 为植被覆盖率,NDVI 为月归一化植被指数。利用平均值法得到年均 FVC。

4.2.1.3　植被生态质量指数

植被生态质量指数:其通过植被净初级生产力(NPP)和植被覆盖率的综合指数来表示,如式(4.2)所示,其值越大,表明植被生态质量越好。本指数依据《植被生态质量气象评价指数》(GB/T 34815—2017)计算。

$$VEQI_i=100\times\left(f_1\times FVC_i+f_2\times\frac{NPP_i}{NPP_m}\right) \tag{4.2}$$

式中,$VEQI_i$ 为第 i 年植被生态质量指数,FVC_i 为第 i 年植被覆盖率,f_1 为植被覆盖率的权重系数,取 0.5;NPP_i 为第 i 年植被净初级生产力,NPP_m 为过去第 1 年至第 n 年的最大值,f_2 为植被净初级生产力的权重系数,取 0.5。

植被生态改善指数:植被生态质量指数在一段时间内的变化趋势("正"表示变好,"负"表示变差,"绝对值"表示变好变差的快慢和程度)。

变化趋势率:某一对象(温度、降水等气候要素,或植被 NPP、覆盖率等)在一段时间内的变化速度("正"表示增加、提高,"负"表示减少、下降,"绝对值"表示快慢和程度)。

4.2.2 生态质量时空变化

4.2.2.1 植被净初级生产力变化特征

2022 年淮河流域年植被净初级生产力为 675 gC·m^{-2},整体上呈北低南高的分布特征,大别山区、桐柏山区北麓(林区)植被净初级生产力较高,为 800 gC·m^{-2} 以上,安徽、江苏境内为 700~1000 gC·m^{-2},河南、山东境内为 200~700 gC·m^{-2}(图 4.13)。

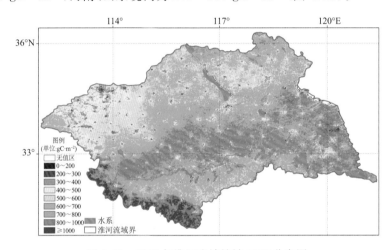

图 4.13 2022 年淮河流域植被 NPP 分布图

2000 年以来,淮河流域 70%以上区域的植被净初级生产力呈上升趋势,特别是安徽沿淮以北大部、淮河流域西南和东部部分地区的上升趋势较大;流域西北和东南部以及城市地区的植被净初级生产力则呈减弱趋势(图 4.14)。

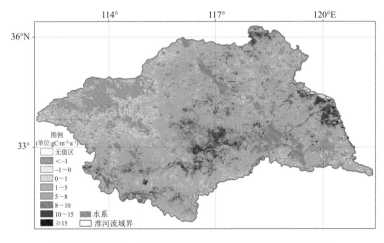

图 4.14 2000—2022 年淮河流域植被 NPP 变化趋势率

4.2.2.2 植被覆盖度变化特征

2022 年淮河流域年植被覆盖度为 48％,大别山区、桐柏山区北麓(林区)植被覆盖度较高,为 60％～80％,平原地区(农田区)植被覆盖度比山区低,为 30％～70％,建成区植被覆盖度最低,为 10％～30％(图 4.15)。

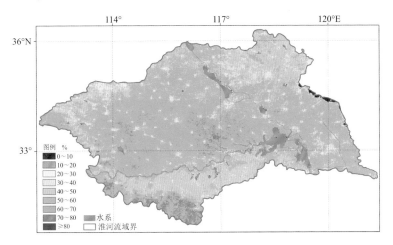

图 4.15　2022 年淮河流域植被覆盖度分布图

2000 年以来,淮河流域大部分区域的植被覆盖度呈增加趋势,特别是西部和中部地区,相对而言,东部地区的植被覆盖度变化趋势较小;围绕各城市中心,植被覆盖度呈不同程度的减小趋势(图 4.16)。

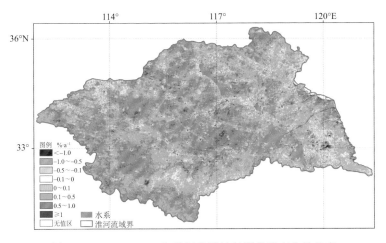

图 4.16　2000—2022 年淮河流域植被覆盖度变化趋势率

4.2.2.3 植被生态质量变化特征

植被生态质量指数反映了植被生产力和覆盖度的综合情况。2022 年淮河流域年植被生态质量指数为 48,空间分布整体上呈北低南高的分布特征,山区高,在 60 以上,安徽、江苏境内为 40～70,河南、山东境内为 10～60(图 4.17)。

2000 年以来,淮河流域大部分地区植被生态质量指数呈上升趋势,植被生态质量持续变

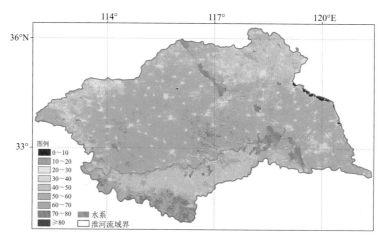

图 4.17 2022 年淮河流域植被生态质量指数分布图

好,特别是沿淮以北大部、淮河流域西南和中部部分地区生态质量改善更为显著;而流域东南和西北地区以及城镇化地带的植被生态质量指数则有一定程度的下降趋势(图 4.18)。

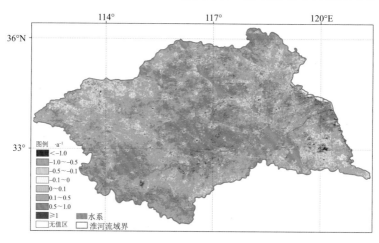

图 4.18 2000—2022 年淮河流域植被生态质量指数变化趋势率

4.3 本章小结

(1)受人类活动和气候变化影响,淮河流域内生态类型分布变化显著。1985 年以来,流域内农田面积呈显著减少趋势,减少区域主要分布于城市周边地区,2013 年后农田面积下降趋势放缓。流域内森林主要分布于大别山区,1985—2021 年森林面积总体呈增加趋势,主要以西部山区为主,森林面积变化呈现一定年代际波动特征。流域水体(湿地)面积总体上升,南四湖、洪泽湖水体面积呈增加趋势,而流域西南部水体面积呈减少趋势。流域内城镇主要沿淮河水系分布,1985—2021 年城镇面积上升显著,增加了一倍以上。

(2)采用植被净初级生产力、覆盖度和生态质量指数评估了淮河流域生态质量的时空演变特征。流域内植被生产力整体上呈北低南高的分布特征,2000 年以来,流域 70% 以上区域的植被净初级生产力呈上升趋势,特别是安徽沿淮以北大部、淮河流域西南和东部部分地区的上升显著。流域大部分区域的植被覆盖度呈增加趋势,特别是西部、中部地区;城市及其周边地区则有不同程度的减小趋势。淮河流域生态质量整体上呈北低南高的分布特征,2000 年以来,淮河流域大部分地区植被生态质量指数呈上升趋势,植被生态质量持续变好。

第5章
流域生态过程及气候影响

5.1 物候期变化特征及其对气候变化的响应

5.1.1 自然物候期变化特征

5.1.1.1 基本特征

淮河流域植物物候期观测起始于 20 世纪 80 年代,观测序列时间长、连续性好的植物物候共有 3 种,分别为悬铃木、楝树和刺槐,主要观测植物的花芽膨大期、叶芽膨大期、花芽开放期、叶芽开放期、展叶始期、展叶盛期、花蕾或花序出现、开花始期、开花盛期、开花末期、果实或种子成熟期、秋叶变色始变期、秋叶变色全变期、落叶始期和落叶末期共 15 个物候期,其中花芽膨大期、叶芽膨大期、花芽开放期及花蕾或花序出现日期的观测起始于 1994 年前后,考虑到其时间序列相对较短,因此,本节对上述 4 个物候期不做分析。

图 5.1 给出了 3 种植物的叶芽开放期、展叶始期、开花始期、果实/种子成熟期、秋叶变色全变期、落叶末期 6 个关键物候期的出现日期。从图中可以看出,除果实/种子成熟期刺槐明显早于悬铃木和楝树外,3 种木本植物的其他各个物候期的平均日期差异相对偏小,在果实/种子成熟期之前,悬铃木各个物候期略早于刺槐和楝树的物候,楝树物候期相对偏晚,刺槐

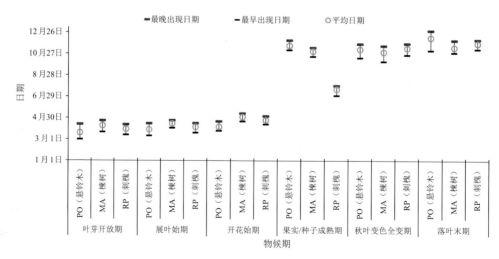

图 5.1 植物自然物候期出现日期

的介于两者之间。在果实/种子成熟期之后,悬铃木各个物候期则晚于其他 2 种植物,楝树的最早,刺槐仍是介于两者之间,3 种植物物候期年际变化幅度也较之前有所增大。悬铃木叶芽开放期、展叶始期和开花始期多年(1985—2018 年)平均出现日期分别为 3 月 19 日、3 月 28 日和 4 月 5 日,刺槐叶芽开放期、展叶始期和开花始期的多年(1984—2018 年)平均出现日期晚于悬铃木,分别为 3 月 29 日、4 月 4 日和 4 月 23 日,楝树叶芽开放期、展叶始期和开花始期的多年(1983—2018 年)平均出现日期均是 3 种植物中最晚,分别为 4 月 7 日、4 月 13 日和 5 月 2 日。悬铃木叶芽开放期、展叶始期和开花始期年际变化幅度均是 3 种植物中最大,其叶芽开放最早出现日期为 3 月 1 日,发生在 2017 年;最晚出现日期为 4 月 12 日,发生在 1996 年,其年际变幅达 42 d,而刺槐和楝树的叶芽开放期年际变幅均在一个月左右,分别为 32 d 和 29 d,明显偏小。悬铃木展叶始期的最早出现日期为 3 月 11 日,发生在 2013 年,最晚出现日期为 4 月 14 日,发生在 1996 年,年际变化幅度为 34 d,而刺槐和楝树的展叶始期变化幅度均小于 1 个月,分别为 27 d 和 20 d,其中楝树展叶始期年际变化幅度是 3 种植物所有物候期年际变化幅度最小值。3 种植物开花始期年际变化幅度较前 2 个物候期普遍缩小,悬林木、刺槐和楝树的开花始期年际变化幅度分别为 26 d、23 d 和 22 d。

流域内刺槐果实/种子成熟期最早,多年平均出现日期 7 月 19 日,其次是楝树,平均出现日期 11 月 3 日,悬铃木最晚,平均出现日期 11 月 19 日。楝树果实/种子成熟期最早出现日期 7 月 2 日,发生在 1984 年,最晚出现日期 7 月 30 日,发生在 2016 年,其年际变化幅度 35 d 为 3 种植物中最大,刺槐和悬铃木的果实/种子成熟期年际变化幅度接近,分别为 28 d 和 27 d。3 种植物的秋叶变色全变期相对其他物候期比较集中,楝树平均出现日期 11 月 3 日较其他 2 种略早,悬铃木和刺槐出现日期均为 11 月 8 日,但悬铃木和楝树秋叶变色全变期年际变化幅度为 39 d 和 38 d,偏大,其中楝树秋叶变色全变期年际变化幅度为其所有物候期中的最大值,刺槐秋叶变色全变期年际变化幅度 24 d 为 3 种植物中最小值。3 种植物落叶末期以楝树最早,其平均出现日期为 11 月 13 日,刺槐次之,平均出现日期 11 月 24 日,悬铃木最晚,平均出现日期 12 月 11 日,但悬铃木落叶末期年际变化幅度 55 d 是 3 种植物所有物候期中最大值,楝树的 34 d 次之,刺槐落叶末期年际变化幅度 24 d 为 3 种植物中的最小值。此外,从图 5.1 中还可以看出,随着生育进程推进,各物候期的年际变幅整体上有增大趋势。

为了揭示同一物种的物候期在不同地理纬度上的变化特征,图 5.2 分别给出了楝树和刺槐物候期的时空变化特征。从图中可以看出,春、夏季物候期(叶芽开放期−开花末期),无论楝树,还是刺槐的出现日期在地区间均无明显差异,且各地区的物候期年际变幅均较小。而秋、冬季物候期(种子成熟期−落叶末期)出现日期在地区间差异明显,整体上呈现自北向南逐渐推迟,且年际变幅较前期明显增大。

5.1.1.2 变化趋势

表 5.1 给出楝树、刺槐和悬铃木 3 种木本植物各物候期的线性变化趋势。结果表明:在全球气候变暖背景下,20 世纪 80 年代初以来,木本植物春季物候期,包含叶芽开放期、展叶始期、展叶盛期、开花始期、开花盛期及开花末期的线性变化趋势范围介于 −1.013～−0.073 d·a^{-1},均表现出提前趋势(图 5.3a)。具体来看,春季物候期 42 个序列中,33 个序列提前趋势通过 $\alpha=0.05$ 的显著性水平检验,占整个序列的 78.6%;9 个无明显变化趋势。进一步分析表明,开花始期之前的物候期,悬铃木提前程度较刺槐和楝树偏大,楝树次之。开花盛期和开花末期以楝树提前程度最大,悬铃木最小(图 5.4a)。

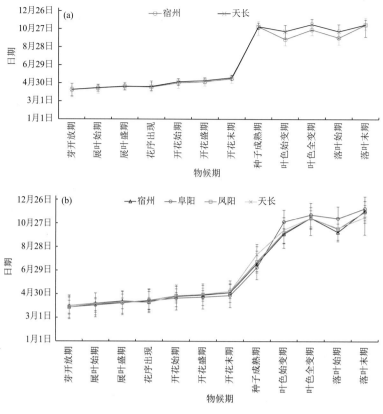

图 5.2　不同地区的楝树(a)和刺槐(b)物候期出现日期

表 5.1　植物物候期变化趋势

单位:d·a⁻¹ ... 单位:$d \cdot a^{-1}$

观测地点	植物名称	时间序列	叶芽开放期	展叶始期	展叶盛期	开花始期	开花盛期	开花末期	果实/种子成熟期	叶色始变期	叶色全变期	落叶始期	落叶末期
宿州	楝树	1983—2018年	−0.398**	−0.372**	−0.147	−0.417**	−0.365**	−0.361**	0.632**	−0.159	0.887**	−0.183	0.799**
	刺槐	1984—2018年	−0.452**	−0.366**	−0.098	−0.374**	−0.359**	−0.302**	1.763**	−0.726**	0.099	−0.705**	0.515**
阜阳	刺槐	1984—2018年	−0.126	−0.161	−0.124	−0.224**	−0.230**	−0.159	−0.186	0.170	−0.073	0.184	0.310*
寿县	悬铃木	1985—2018年	−0.800**	−0.696**	−0.409**	−0.563**	−0.339**	−0.194	−0.416**	−0.748**	0.816**	−0.721**	0.927**
天长	楝树	1987—2018年	−1.013**	−0.540**	−0.513**	−0.464**	−0.378**	−0.247	−0.315*	0.380	−0.190	0.369	0.493*
	刺槐	1987—2018年	−0.379**	−0.350**	−0.073	−0.310**	−0.310**	−0.284**	0.519**	0.106	0.867**	−0.026	0.576**
凤阳	刺槐	1985—2018年	−0.843**	−0.633**	−0.606**	−0.449**	−0.451**	−0.381**	−0.773*	0.214	0.372	0.307	0.443*

注:* 表示变化趋势通过 $\alpha=0.05$ 显著性水平检验,** 表示变化趋势通过 $\alpha=0.01$ 显著性水平检验,下同。

　　3 种植物 35 个秋季物候期序列的线性变化趋势出现分化(图 5.3b),其范围介于 −0.773～1.763 d·a⁻¹。22 个物候期序列推迟,其中 13 个推迟趋势通过 $\alpha=0.05$ 的显著性水平检验,占整个序列 37%。13 个物候期序列提前,其中 7 个提前趋势通过 $\alpha=0.05$ 的显著性水平检验,占整个序列的 12.7%。分物种来看,除楝树秋季物候期均呈现明显的推迟趋势外,其他 2 种植

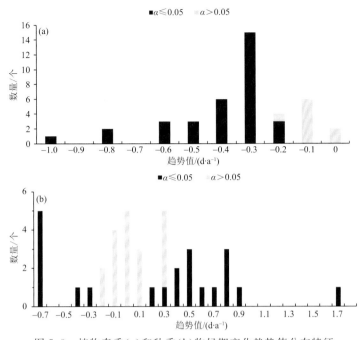

图 5.3 植物春季(a)和秋季(b)物候期变化趋势值分布特征

物的不同物候期的变化趋势存在差异,比如,悬铃木种子成熟期、叶色始变期、落叶始期呈提前趋势,叶色全变期、落叶末期则为推迟趋势(图 5.4b)。

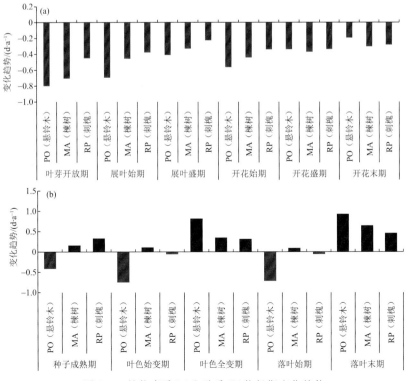

图 5.4 植物春季(a)和秋季(b)物候期变化趋势

图 5.5 给出了在不同地区楝树和刺槐各物候期的变化趋势,以揭示同一物种变化趋势是否存在地区间以及物候阶段的差异。结果表明:楝树和刺槐的春季物候期以及秋季叶色全变期和落叶末期的地区间变化趋势一致,其他秋季物候期变化趋势均存在一定程度上的地区间差异。虽然楝树和刺槐的春季物候期普遍表现出提前趋势,但变化幅度存在地区间差异。楝树在开花盛期之前,天长春季物候期提前程度相较于宿州的偏大。刺槐在开花末期之前,天长春季物候期提前程度同样较其他三个地区偏大,宿州次之,阜阳地区的提前程度整体上较其他三个地区偏小。种子成熟期变化趋势和幅度地区间差异显著,宿州和天长刺槐种子成熟期推迟,其中宿州地区的变化幅度 1.763 d·a^{-1} 为所有物候期中最大值,而阜阳和凤阳地区的则表现出提前趋势,其中凤阳地区的变化幅度 0.773 d·a^{-1} 明显大于阜阳地区的 0.186 d·a^{-1}。此外,从图中还可以看出,无论春季物候期还是秋季物候期,在同一物候阶段内不同状态(始期、盛期和末期)的变化趋势也存在一定程度上的差异。

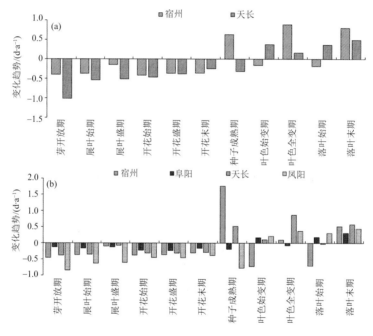

图 5.5 不同地区的楝树(a)和刺槐(b)物候期变化趋势

总体来看,在气候变暖背景下,植物春季物候期普遍提前,而秋季物候期则以推迟为主。同种植物春季和秋季物候期的变化趋势存在一定程度上的地区间差异,尤其是秋季物候期。

5.1.2 自然物候期对气候变化的响应

5.1.2.1 物候期关键气候影响因子识别

采用 Pearson 相关分析,本节探究了 3 种植物主要物候期(包括三个春季物候期,分别是叶芽开放期、展叶始期、开花始期;三个秋季物候期,分别是果实/种子成熟期、秋叶叶色始变期、落叶始期)与其前 6 个月至当前月的平均气温、降水量以及日照时数 3 个气候要素的滑动相关系数,以确定影响不同物候期的关键时段及气候影响因子。相关系数为负值,表明随着气候要素值变大,相应的物候期提前,反之,则推迟或延后;相关系数为正值,表明随着气候要素值变大,响应的物候期推迟或延后,反之则提前。

图 5.6 给出了寿县地区悬铃木 6 个物候期分别与其前 6 个月至当前月的平均气温、降水量和日照时数的相关分析结果及显著性检验情况。结果表明,悬铃木无论春季还是秋季物候期,与月平均气温普遍呈负相关,即气候变暖,春、秋季物候期均有可能提前,反之则推迟。但秋季叶变色始期和落叶始期两个物候期与气温相关系数均未通过 $\alpha-0.05$ 显著性检验;春季三个物候期及成熟期与平均气温的相关系数,呈月份越邻近相关系数越大,相关程度越显著,其中叶芽开放期、展叶始期及开花始期春季 3 个物候期均是与 2 月平均气温的相关系数最大,分别为 -0.576、-0.799 和 -0.805,均通过 $\alpha=0.01$ 显著性检验。成熟期与 6 月、10 月和 11 月平均气温的相关系数通过 $\alpha=0.05$ 显著性检验,其中 6 月相关系数最大,为 -0.522,通过 $\alpha=0.01$ 显著性检验。春、秋物候期对日照时数变化表现不同的响应,春季物候期与日照时数以正相关为主,但与邻近的 2 月日照时数均呈显著负相关,但相关程度较同时段的气温偏小。

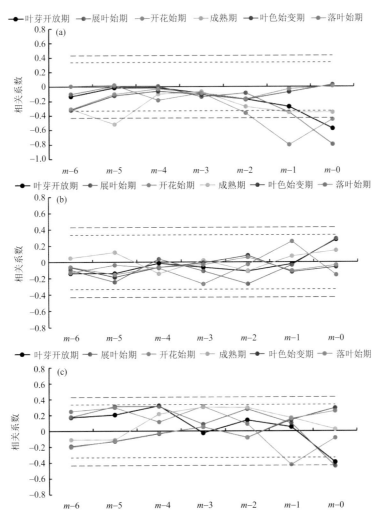

图 5.6 悬铃木物候期与月平均气温(a)、降水量(b)和日照时数(c)相关分析结果

($m-6$, $m-5$, $\cdots$, $m-0$ 分别是各物候期前第 6 个月、第 5 个月、$\cdots$,当前月;—--表示相关系数通过 $\alpha=0.05$ 显著性水平线,---表示相关系数通过 $\alpha=0.01$ 显著性水平线,以下图中类同)

成熟期与邻近 4 个月的日照时数均呈正相关,说明成熟期温度偏低、日照时数偏长,有助于其物候期的推迟,反之则提前。秋季叶变色始期和落叶始期与日照时数相关系数的变化模态基本一致,邻近 3 个月内以正相关为主,其他时段内呈负相关。但秋季各物候期与日照时数的相关系数均未通过 $\alpha=0.05$ 显著性检验。相对于温度和日照时数来说,悬铃木各物候期对降水量的变化不敏感,其与降水量的相关系数均未通过 $\alpha=0.05$ 显著性检验。春、秋季物候期以负相关为主,说明低温干燥日照长可使物候期推迟,反之则可能提前。

图 5.7 给出了宿州和天长地区的楝树 6 个物候期与其前 6 个月至当前月的平均气温、降水量和日照时数的相关分析结果及显著性检验情况。从图中可以看出:不同地区不同物候状态对同一时段的气候要素变化的响应程度存在差异,并且同一物候状态对同一时段的同一气候要素变化的响应程度也存在地区间差异。春季物候期对气温变化较为敏感,其与月平均气温的相关系数,表现出月份越邻近,相关系数越大越显著的特征,而秋季物候期对气温变化不敏感,其与邻近月平均气温的相关系数普遍未通过 $\alpha=0.05$ 显著性检验。

宿州地区春、秋物候期与平均气温的相关系数呈截然相反的分布特征,春季物候期与各月气温均呈负相关,即随着气候变暖春季物候期将普遍呈现出提前的变化趋势,并且与平均气温的相关系数有随月份越邻近变大的趋势,最大值均出现在 3 月,分别为 -0.721、-0.719 和 -0.728。而该地区秋季物候期与平均气温以正相关为主,即气候变暖将导致该地区秋季物候期普遍推迟,但除成熟期与其前 $1 \sim 2$ 个月平均气温的相关系数通过 $\alpha=0.05$ 显著性检验外,其他的均未能通过 $\alpha=0.05$ 显著性检验。此外,冬末春初(2—3 月)出现冷湿寡照气候环境时,楝树的春季物候期将推迟,尤其 3 月处于连阴雨气候条件下展叶始期和开花始期均显著推迟。当冬季出现暖湿、寡照气候环境时,成熟期将推迟,反之则提前,而盛夏(7—8 月)出现暖干化、长日照的气候环境时,秋叶变色始期和落叶始期将推迟,反之则提前。

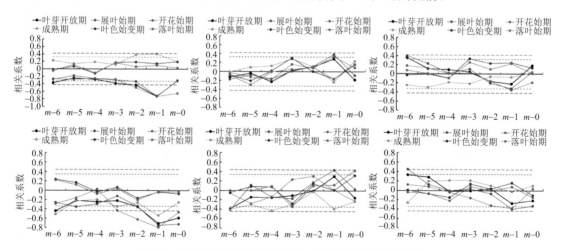

图 5.7 不同地区的楝树物候期与气候要素相关分析结果
(自上而下:宿州、天长;自左向右:月平均气温、降水量和日照时数)

天长地区楝树春季物候期及成熟期与前期平均气温呈负相关,在气候变暖背景下,春季物候期将提前,且与前期平均气温的相关系数随时间邻近而逐渐变大,其中叶芽开放期和展叶始期在 3 月达最大,开花始期在 4 月达最大,上述相关系数均通过 $\alpha=0.01$ 显著性检验。秋季物候期与前期平均气温无显著相关性,其相关系数随时间邻近而逐渐变小,在 $m-3$ 时由正相关转变为负相关,且月际间变幅较小。冬末春初(2—3 月)处于冷湿、寡照气候环境下春季物候期将推迟,特别 3 月出现低温阴雨寡照气候环境时将使得展叶始期和开花始期显著推迟,反之则提前。秋季物候期与前期平均气温、降水量和日照时数普遍无显著相关性。其中成熟期与前期平均气温和降水量呈负相关,其与 10 月气温的相关系数通过 $\alpha=0.01$ 显著性检验,而与日照时数呈正相关,即前期处于暖湿、寡照气候环境下,成熟期将可能提前,反之则推迟。秋叶变色始期和落叶始期所在当前月处于冷湿寡照气候环境时,其有可能推迟,反之则提前。

图 5.8 给出了 4 个地区刺槐 6 个春、秋季物候期与前期气候要素的相关分析情况。由图可知,各地春季物候期与平均气温普遍呈负相关,相关系数随时间邻近而逐渐变大,说明在气候变暖背景下,各地刺槐春季物候期普遍提前,邻近月平均气温升温幅度越大,春季物候期出现时间越早。但秋季物候期地区间差异明显,对前期气温的变化不敏感,两者的相关系数普遍未通过 $\alpha=0.05$ 显著性检验。刺槐物候期对降水量和日照时数变化的响应也存在较为明显的地区间差异,但其相关系数大多数未通过 $\alpha=0.05$ 显著性检验。

分区域来看,宿州市,除成熟期与前期平均气温呈正相关外,其他物候期普遍呈负相关,说明在全球气候变暖背景下,宿州市刺槐成熟期推迟,春季物候期和秋季叶变色始期和落叶始期

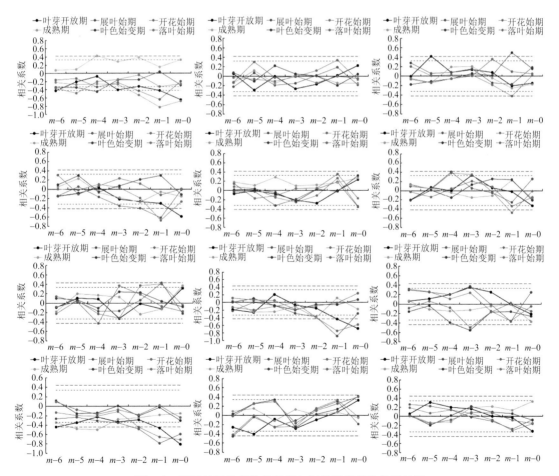

图 5.8　不同地区的刺槐物候期与气候要素相关分析结果

(自上而下:宿州、阜阳、凤阳、天长;自左向右:平均气温、降水量和日照时数)

则提前,其中春季三个物候期均与3月平均气温的相关程度最高,相关系数均通过$\alpha=0.01$显著性检验,秋季叶变色始期和落叶始期与4月和5月平均气温显著相关,相关系数通过$\alpha=0.05$显著性检验,且均与5月平均气温的相关程度最高。结合降水量和日照时数来看,冬末春初处于冷湿寡照气候环境时,春季物候期则表现出推迟,处于暖干、多日照气候环境时,则表现出提前。成熟期前2个月处于温高雨少寡照气候环境时,其往往推迟,反之则提前。9—10月处于暖湿寡照气候环境时,秋季叶变色始期和落叶始期提前,反之则推迟。

阜阳地区刺槐的三个春季物候和成熟期与前期平均气温以负距平为主,且春季物候期与平均气温相关程度随时间邻近而逐渐变高,均与3月平均气温的相关程度最高,相关系数均通过$\alpha=0.01$显著性检验。其他两个秋季物候期与平均气温以正距平为主,即在全球气候变暖背景下,阜阳地区刺槐的春季物候期提前,而秋季的秋叶变色始期和落叶始期则推迟。综合光、温、水三方面来看,早春3月处于冷湿寡照气候环境下,春季物候期则普遍推迟,当处于暖干、日照多气候环境下则提前。

凤阳地区刺槐无论春季物候期还是秋季物候期,与前期平均气温以负相关为主。春季物候期与平均气温相关分析结果可以发现,月份越邻近,平均气温与春季物候期出现日期的相关程度越高,对其影响越大,其中芽开放期与$m-0$负相关程度最高,展叶始期和开花始期与$m-1$负相关程度最高,进一步分析发现,三者均是与3月平均气温负相关程度最高,均通过$\alpha=0.01$显著性检验。秋季物候期与平均气温相关系数的月际变幅相对较小,且均未通过$\alpha=0.05$显著性检验。3月处于冷湿寡照气候环境时,春季物候期普遍推迟,处于暖干、日照多气候环境时则提前。春末夏初处于低温干燥寡照气候环境时,成熟期可能推迟,反之则提前。当盛夏至初秋(7—9月)处于凉湿寡照气候环境时,秋季物候期推迟;当处于暖干、日照多气候环境时,则提前。

天长市刺槐春、秋物候期与平均气温都呈负相关,即在当前全球气候变暖背景下,春、秋物候期普遍呈现出提前趋势,三个春季物候期与平均气温相关程度随月份邻近而升高,均与3月平均气温的相关系数最大,且均通过$\alpha=0.01$显著性检验;秋季物候期与平均气温相关系数月际波动小,均未能通过$\alpha=0.05$显著性检验。春季物候期与2—3月降水量呈不显著正相关、与日照时数呈不显著负相关,说明当2—3月处于冷湿寡照气候环境时,三个春季物候期推迟,当处于暖干、日照多气候环境下,春季物候期则提前。成熟期与前三个月内的日照时数呈不显著正相关,当4—7月处于低温、日照多环境时,成熟期将推迟,反之则提前。9—10月处于低温阴雨寡照气候环境下,往往使得秋叶变色始期和落叶始期推迟。

综上可以得出,木本植物春季物候期早迟与其前1~2个月的平均气温冷暖高度相关,但与降水量和日照时数相关程度不显著;秋季物候期与前期气候要素的相关性程度普遍不显著。此外,研究还发现,早春连阴雨往往使得春季物候期有所推迟,夏末初秋干旱则会造成秋季物候期提前。

5.1.2.2 物候期对气候变化敏感性分析

研究发现,主要植物春、秋季物候期对气候变化表现出不同的响应特征,春季普遍提前,秋季则以推迟为主,且物候期之前的邻近月份的温度是制约木本植物春季物候期的关键气候要素。本研究通过统计分析,进一步厘清了两者之间的关系,揭示了物候期对温度变化的敏感程度。

结合上文相关分析可知,3月平均气温是制约悬铃木春季物候期的关键气候要素,其与悬铃木叶芽开放期、展叶始期和开花始期的相关程度均是最高。图5.9给出了寿县悬铃木三个春季物候期与3月平均气温的散点图,从图中可以看出,物候期与平均气温均呈非线性关系。具体关系如式(5.1)～式(5.3)所示。

$$叶芽开放期:y=0.5428x^3-0.0807x^2-6.4924x+0.913 \tag{5.1}$$
$$展叶始期:y=0.3048x^3+0.156x^2-5.9673x+0.0793 \tag{5.2}$$
$$开花始期:y=0.2712x^3-0.1138x^2-5.3423x+0.6142 \tag{5.3}$$

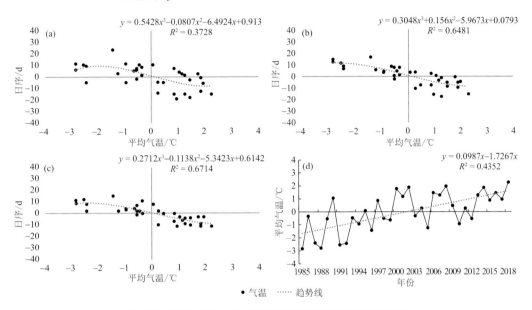

图5.9 寿县悬铃木春季物候期日序与平均气温散点图

(a)叶芽开放期,(b)展叶始期,(c)开花始期,(d)寿县3月平均气温距平历年演变及线性变化趋势

进一步分析表明,3月平均气温每上升(下降)1 ℃,悬铃木叶芽开放期、展叶始期和开花始期分别提前(推迟)5.1 d、5.4 d和4.6 d,展叶始期对温度变化最为敏感,叶芽开放期敏感程度略低。1985年以来,寿县3月平均气温以0.0987 ℃·a⁻¹的线性变化速率显著上升(通过α=0.01显著性检验),1985—2018年上升了约3.4 ℃,使得悬铃木叶芽开放期、展叶始期和开花始期分别提前了1.3 d、6.7 d和8.3 d。

图5.10和图5.11给出了不同地区楝树春季物候期与温度之间的关系图。分地区来看,相关分析表明,宿州市楝树叶芽开放期、展叶始期和开花始期三个春季物候期均与3月平均气温相关程度最高。图5.10给出了宿州市三个春季物候期与3月平均气温的散点图,从图中可以看出,物候期与平均气温均呈非线性关系。具体关系如式(5.4)—式(5.6)所示。

$$叶芽开放期:y=-0.188x^3-0.319x^2-2.3002x+0.6613 \tag{5.4}$$
$$展叶始期:y=-0.1069x^3-0.3861x^2-2.462x+0.8827 \tag{5.5}$$
$$开花始期:y=0.0565x^3-0.3225x^2-3.3684x+0.8369 \tag{5.6}$$

进一步分析表明,3月平均气温每上升(下降)1 ℃,楝树叶芽开放期、展叶始期和开花始期分别提前(推迟)2.1 d、2.0 d和2.8 d,以开花始期对温度变化最为敏感,叶芽开放期和展叶始期对温度变化的敏感性程度接近。1983年以来,宿州市3月平均气温以0.101 ℃·a⁻¹的线性速率显著上升(通过α=0.01显著性检验),1983—2018年上升了3.6 ℃,使得楝树叶芽开放期、展叶始期和开花始期分别提前了 21 d、18.3 d 和 13 d。

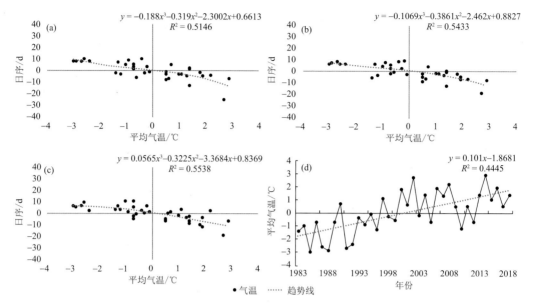

图 5.10　宿州市楝树春季物候期日序与平均气温散点图

(a)叶芽开放期,(b)展叶始期,(c)开花始期,(d)宿州市 3 月平均气温距平历年演变及线性变化趋势

相关分析表明,天长市楝树叶芽开放期和展叶始期与 3 月平均相关程度最高,开花始期与 4 月相关系数最大。图 5.11 分别给出了三个春季物候期与平均气温的散点图。从图中可以看出,物候期与温度普遍呈近似于线性分布关系。具体关系如式(5.7)—式(5.9)所示。

$$叶芽开放期:y=0.1765x^2-5.0089x-0.3792 \tag{5.7}$$

$$展叶始期:y=0.2093x^2-3.1529x-0.4495 \tag{5.8}$$

$$开花始期:y=0.0086x^2-3.5557x-0.0159 \tag{5.9}$$

进一步分析表明,3 月平均气温每上升(下降)1℃,叶芽开放期和展叶始期分别提前(推迟)5.2 d 和 3.4 d,4 月平均气温每上升(下降)1℃,开花始期提前(推迟)3.6 d,以叶芽开放期对温度变化最为敏感,展叶始期和开花始期对温度变化的敏感程度较为接近。1987 年以来,天长市 3 月和 4 月平均气温分别以 0.1065 ℃·a⁻¹ 和 0.0881 ℃·a⁻¹ 的线性速率显著上升(通过 $\alpha=0.01$ 显著性检验),1987—2018 年分别上升了 3.4 ℃和 2.8 ℃,使得叶芽开放期、展叶始期和开花始期分别提前 15.4 d、8.8 d 和 10 d。

图 5.12—图 5.15 给出了不同地区刺槐春季物候期与温度之间的关系图。具体来看,通过相关分析表明,3 月平均气温是制约宿州地区刺槐叶芽开放期、展叶始期和开花始期三个春季物候期的关键气候要素,其与三个春季物候期的相关系数最大。图 5.12 给出了宿州地区刺槐三个物候期与 3 月平均气温的散点图,从图中可以看出,三个物候期与温度均呈非线性关系。具体关系如式(5.10)—式(5.12)所示。

$$叶芽开放期:y=-0.1073x^3+0.063x^2-2.4849x-0.2559 \tag{5.10}$$

$$展叶始期:y=-0.1071x^3-0.0478x^2-2.153x+0.0202 \tag{5.11}$$

$$开花始期:y=-0.08x^3-0.3213x^2-2.8237x+0.7258 \tag{5.12}$$

进一步分析表明,3 月平均气温每上升(下降)1℃,刺槐叶芽开放期、展叶始期和开花始

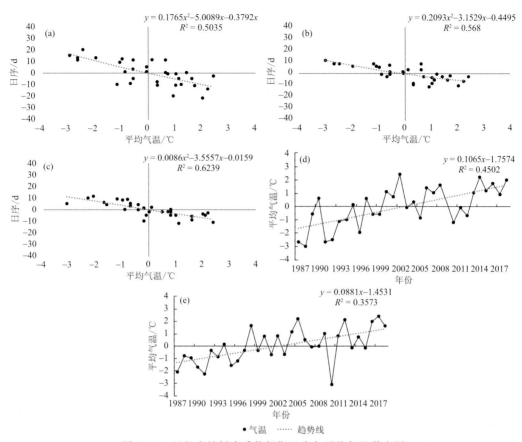

图 5.11　天长市楝树春季物候期日序与平均气温散点图
(a)叶芽开放期,(b)展叶始期,(c)开花始期,(d)和(e)为天长市 3 月和 4 月平均气温距平历年演变及线性变化趋势

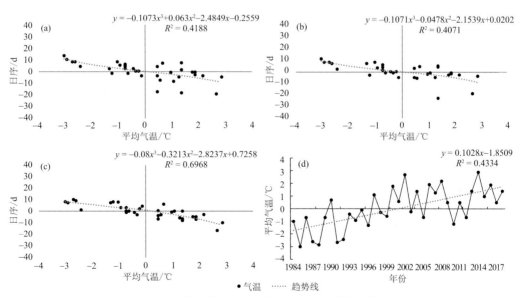

图 5.12　宿州市刺槐春季物候期日序与平均气温散点图
(a)叶芽开放期,(b)展叶始期,(c)开花始期,(d)为宿州市 3 月平均气温距平历年演变及线性变化趋势

期分别提前(推迟)2.8 d、2.3 d 和 2.5 d,以叶芽开放期对温度变化最为敏感,开花始期次之。1984 年以来,宿州市 3 月平均气温以 0.1028 ℃·a^{-1} 的线性速率显著上升(通过 $\alpha=0.01$ 显著性检验),1984—2018 年上升了约 3.6 ℃,使得叶芽开放期、展叶始期和开花始期分别提前了 13.4 d、13.3 d 和 17.3 d。

通过相关分析表明,阜阳市刺槐叶芽开放期、展叶始期和开花始期三个春季物候期均与 3 月平均气温相关程度最高,其是制约该地区春季物候期的关键气候要素。图 5.13 给出了阜阳地区三个春季物候期和温度的散点图,从图中可以看出,三个春季物候期与温度均呈线性关系。具体关系如式(5.13)—式(5.15)所示。

$$\text{叶芽开放期:}y=-0.29942x \tag{5.13}$$

$$\text{展叶始期:}y=-2.6291x \tag{5.14}$$

$$\text{开花始期:}y=-2.2887x \tag{5.15}$$

进一步分析表明,3 月平均气温每上升(下降)1 ℃,刺槐叶芽开放期、展叶始期和开花始期分别提前(推迟)3 d、2.6 d 和 2.3 d,其中以叶芽开放期对温度变化最为敏感,展叶始期和开花始期对温度的敏感程度较为接近。1983 年以来,阜阳市 3 月平均气温以 0.0851 ℃·a^{-1} 的线性速率显著上升(通过 $\alpha=0.01$ 显著性检验),1983—2018 年上升了约 3.1 ℃,使得叶芽开放期、展叶始期和开花始期分别提前了 9.2 d、8.1 d 和 7.0 d。

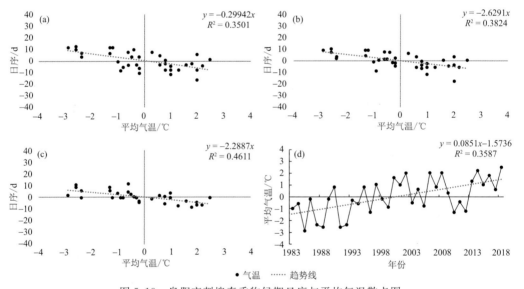

图 5.13 阜阳市刺槐春季物候期日序与平均气温散点图
(a)叶芽开放期,(b)展叶始期,(c)开花始期,(d)阜阳市 3 月平均气温距平历年演变及线性变化趋势

通过相关分析表明,凤阳县刺槐叶芽开放期、展叶始期和开花始期均与 3 月平均气温相关程度最高,其是该地区三个春季物候期的关键影响气候要素。图 5.14 给出了凤阳县三个春季物候期与温度的散点图,从图中可以看出三个春季物候期与温度均呈非线性关系。具体关系如式(5.16)—式(5.18)所示。

$$\text{叶芽开放期:}y=-0.163x^3-0.1149x^2-3.1388x+0.0621 \tag{5.16}$$

$$\text{展叶始期:}y=0.0927x^3-0.3998x^2-4.6857x+0.9225 \tag{5.17}$$

$$\text{开花始期:}y=-0.0177x^3-0.4349x^2-3.0234x+0.8766 \tag{5.18}$$

　　进一步分析表明,3 月平均气温每上升(下降)1 ℃,叶芽开放期、展叶始期和开花始期分别提前(推迟)3.4 d、4.1 d 和 2.6 d,以展叶始期对温度变化最为敏感,叶芽开放期次之。1985年以来,凤阳县 3 月平均气温以 0.0896 ℃·a^{-1} 的线性速率显著上升(通过 $\alpha=0.01$ 显著性检验),1985—2018 年上升了约 3.0 ℃,使得叶芽开放期、展叶始期和开花始期分别提前了 15.2 d、14.4 d 和 12.9 d。

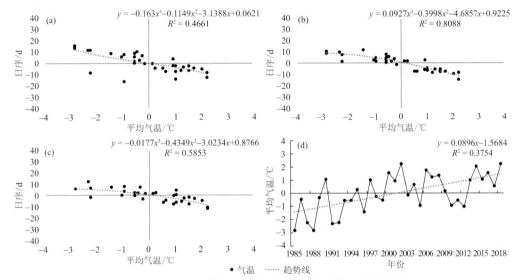

图 5.14　凤阳县刺槐春季物候期日序与平均气温散点图

(a)叶芽开放期,(b)展叶始期,(c)开花始期,(d)凤阳县 3 月平均气温距平历年演变及线性变化趋势

　　通过相关分析表明,天长市刺槐叶芽开放期、展叶始期和开花始期均与 3 月平均气温相关系数最大,其是制约该地区三个春季物候期变化的关键气候要素。图 5.15 给出了该地区三个春季物候期与温度的散点图。从图中可以看出,三个春季物候期与温度均呈非线性关系。

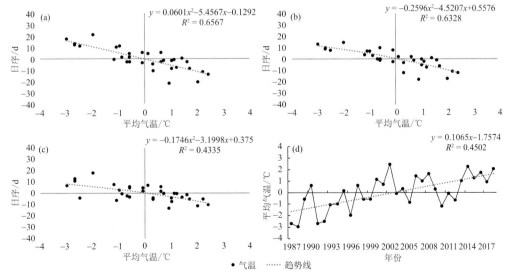

图 5.15　天长市刺槐春季物候期日序与平均气温散点图

(a)叶芽开放期,(b)展叶始期,(c)开花始期,(d)天长市 3 月平均气温距平历年演变及线性变化趋势

具体关系如式(5.19)—式(5.21)所示。

$$\text{叶芽开放期}: y = 0.0601x^2 - 5.4567x - 0.1292 \tag{5.19}$$

$$\text{展叶始期}: y = -0.2596x^2 - 4.5207x + 0.5576 \tag{5.20}$$

$$\text{开花始期}: y = -0.1746x^2 - 3.1998x + 0.375 \tag{5.21}$$

进一步分析表明,3月平均气温每上升(下降)1 ℃,刺槐叶芽开放期、展叶始期和开花始期分别提前(推迟)5.5 d、4.2 d 和 3.0 d,以叶芽开放期对温度变化最为敏感,展叶始期次之。1987年以来,天长市3月平均气温以 0.1065 ℃ · a^{-1} 的线性速率显著上升(通过 $\alpha = 0.01$ 显著性检验),1987—2018年上升了3.4 ℃,使得刺槐叶芽开放期、展叶始期和开花始期分别提前了 18.0 d、17.9 d 和 12.6 d。

综上所述,不同植物的叶芽开放期、展叶始期和开花始期与前期温度之间普遍呈现非线性关系,且在多数情况下叶芽开放期对前期温度变化最为敏感,展叶始期次之。

5.2 生态系统生产力变化特征及其对气候变化的响应

5.2.1 计算方法

5.2.1.1 模型概述

生态系统生产力是生态系统功能状况的重要指标,反映了气候变化以及人类活动对陆地植被覆盖综合作用的结果,是生态系统中其他生物成员生存和繁衍的物质基础,在全球环境变化中占有重要地位。

Ebermayer 是估算植被净初级生产力的第一人,19世纪80年代,他对巴伐利亚森林物质生产力进行了测定。Lieth 最早估算了全球 NPP,并在他的第一篇最具影响力的文章中系统地对过去世界各地研究 NPP 的历史做了详细阐述。20世纪60年代国际生物学计划(International Biology Program,IBP)以及1987年建立的国际地圈与生物圈计划(International Geosphere-Biosphere Programme,IGBP)开始实施,标志着全球及区域 NPP 的研究迈上了一个新台阶。在经历了实测、统计回归及模型估算等阶段之后,随着遥感技术的产生与发展,净初级生产力研究又开始向一个新的方向发展。可以把植被生产力模型大致分为四大类:统计模型、参数模型、过程模型和生态遥感耦合模型(表5.2)。

表 5.2 植被生产力估算模型

模型类别	适用类型	模型代表
统计模型(气候相关模型)	适用于区域潜在的 NPP 估算	Miami 模型、Thorn-thwaite-Memorial 模型、北京模型、Chikugo 模型
参数模型(光能利用率模型)	适用于大范围尺度的 NPP 估算	CASA 模型、GLO-PEM 模型
过程模型(机理模型)	适用于小范围尺度的 NPP 估算	TEM 模型、CENTURY 模型、BLOME-BGC 模型
生态遥感耦合模型	适用于小面积样区、区域及全球尺度的 NPP 估算	BEPS 模型、改进后的 PEM 模型

其中,过程模型能根据植物的一般生长规律描述生态系统的光合作用、呼吸作用等各种过程及植物自身对环境条件(气候、土壤类型等)的要求;参数模型通过遥感途径获取植被吸收光

能和有效辐射的参数;而生态遥感耦合模型是一种新的植被生产力遥感估算模型,它汇聚了过程模型和参数模型的优点,能估算模拟各种范围尺度下的植被生产力。

在生态系统生产力的研究上,国外发展得比较早,已形成了一套比较成熟的理论体系。在20世纪60年代,国内才开始有了比较规范化的陆地生态系统生产力研究工作。20世纪80年代中后期,随着遥感技术的发展,我国对植被生产力的研究也迈上了新台阶。此时,全球范围内植被净初级生产力的相关研究主要有两个步骤:一是通过遥感技术来获取估算模型中所需要的部分参数;二是建立生态过程模型对植物进行植被生产力的动态模拟以及预测估算。

在生态系统生产力研究这一课题上,一方面,我国学习应用国外的估算模型,并在学习的基础上根据国内的实际情况对模型加以改进;另一方面,我国还自主开发基于光能利用率的模型和过程机理模型。20世纪70年代以来,国内在对生态系统生产力进行估算方面历经了直接收割法、CO_2 测定法、光合作用测定法的使用过程,同时创建了许多相应的回归模型,目前大家主要应用结合遥感技术手段和各种模型进行估算的遥感估算方法。

李文华(1978)提出了编制全国森林生物生产量分布图的设想。而后在大量的生产力测定的工作基础上,我国开始了生产力估算和格局分析的研究工作。1986年,贺庆棠和Baumgartner(1986)合作利用 Thornthwaite Memorial 模型和 Miami 模型,结合我国的水热分布情况对各地植被气候产量进行了估算并成图分析。张宪洲(1993)利用 Miami 模型对我国植被 NPP进行研究分析,并对不同模型的估算结果进行了对比。

近年来我国在自然植被生产力方面的研究已经有了较为明显的发展。20世纪90年代后,国内的许多学者都开始了全国范围内不同区域、不同时间的植被生产力的研究工作。国内生产力研究的发展分成了两条路线:一是生产力模型的研究;二是我国各地区自然植被生产力的研究。

朱志辉(1996)建立了新的估算生产力的解析模型(即北京模型),实验中他利用751组各种不同的植被数据进行计算,并将结果与 IBP 期间所得到的实测数据进行比较,进而证明他所创建的北京模型对各类植被生产力的估算都比较接近于实测值,误差较小。周广胜和张新时(1995)通过利用能量平衡方程和水量平衡方程,建立了可以联系植物生理生态学特点的自然植被净初级生产力模型,并用实测数据验证模型的估算精度,特别是在对较干旱地区进行生产力估算时,自然植被净初级生产力模型的估算精度明显优于 Chikugo 模型。陈利军等(2002)通过光能利用率模型对 1981—1994 年我国 NPP 时空演化模式和土地资源承载力展开研究,研究结果显示,1981—1994 年中国 NPP 大致在 $5.88\sim6.66\times10^9$ t·C·a^{-1}。朱文泉等(2005)利用气象数据和 MODIS 数据,对内蒙古植被 NPP 进行了估算并分析其时空分布特征。王军邦(2007)将"自下而上"的 CEVSA 生态系统过程模型与 GLO-PEM 这种"自上而下"的遥感模型之间进行耦合,形成了 GLOPEM-CEVSA 耦合模型,并应用此模型对 1982—2005 年青海省生态系统的生产力和碳循环进行了研究。

从利用遥感数据估算方面来看,依托遥感技术的 NPP 研究可分成三种类型:第一,区域或全球 NPP 模拟估算及其时空变化;第二,NPP 时空变化规律与环境影响因子之间的联系;第三,构建新的 NPP 模型。

此次在估算植被净初级生产力上选用的是 BEPS 模型。BEPS 模型是在 FOREST-BGC 模型的基础上不断改进、发展得到的,用于估算陆地生态系统的碳水循环。经过多次改进,已被许多学者用到中国区、亚洲东部等区域生产力和蒸散空间分布格局的模拟中。

该模型是基于过程的生物地球化学模型,涉及到生化、生理和物理等机理方法,综合运用了生态学、生物物理学、植物生理学、气候学和水文学的方法来模拟植物的光合、呼吸、碳的分配、水分能量和能量平衡等关系。模型最主要的特点是引入两叶模型将冠层叶片分为阳叶和阴叶,通过进行气孔导度的积分对叶片尺度的瞬时光化学模型进行时空尺度转换,模拟计算逐日碳水交换量的和。

模型中对生态系统总初级生产力(GPP)的计算方法如下:

$$A = \min(W_c, W_j) - R_d$$

$$W_c = V_m \times \frac{C_i - \Gamma}{C_i + K}$$

$$W_j = J \times \frac{C_i - \Gamma}{4.5C_i + 10.5K}$$

$$R_d = 0.015V_m \tag{5.22}$$

式中:A 为叶片的光合作用速率($\mu mol \cdot m^{-2} \cdot s^{-1}$);$W_c$ 和 W_j 分别为受 Rubisco 活性限制和光限制的光合作用速率;R_d 为白天叶子的暗呼吸;V_m 为最大羧化作用速率;C_i 是叶肉细胞 CO_2 浓度($mol \cdot mol^{-1}$);Γ 是无暗呼吸时的 CO_2 补偿点($mol \cdot mol^{-1}$);K 为酶促反应速度常数($mol \cdot mol^{-1}$);J 是电子传递速度。

$$A_{canopy} = A_{sun} LAI_{sun} + A_{shade} LAI_{shade}$$

$$LAI_{sun} = 2\cos[1 - \exp(-0.5\Omega LAI/\cos\theta)]$$

$$LAI_{shade} = LAI - LAI_{sun}$$

$$GPP = A_{canopy} \times daylenth \times C_{GPP} \tag{5.23}$$

式中:A_{canopy}、A_{sun}、A_{shade} 分别为整个冠层、阳叶和阴叶的日光合速率;LAI_{sun} 和 LAI_{shade} 分别为阳叶和阴叶的叶面积指数;θ 为太阳高度角;Ω 为叶子聚集度系数;daylenth 为日长;C_{GPP} 为转换比例。

5.2.1.2 模型验证

实测数据作为验证模型的最重要依据,通过与寿县观测站数据的比较(图 5.16),在 2017—2019 年 BEPS 模型模拟的 GPP 结果与实测结果吻合程度高,在低值区有一定的偏低,

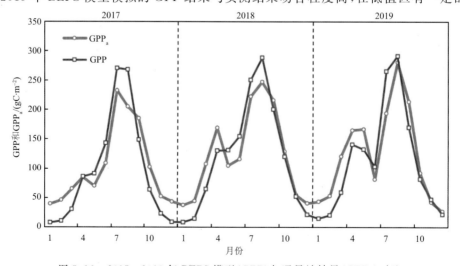

图 5.16 2017—2019 年 BEPS 模型(GPP)与通量站结果(GPP$_a$)对比

且仅在 2017 年 8 月和 2018 年 8 月存在较明显高估,但相差的数量不大,可以忽略,同时实测
数据与模拟数据构建的相关方程为 $y=1.1733x-27.757$,R^2 高达 0.89,且接近 1∶1 线(图
5.17),证明了 BEPS 模型在模拟淮河流域 GPP 时的准确性。

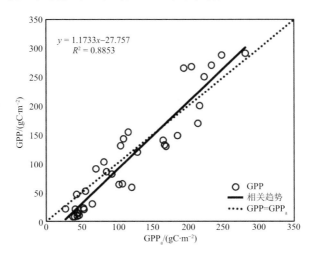

图 5.17 2017—2019 年 BEPS 模型(GPP)与通量站结果(GPP$_a$)相关性

表 5.3 显示了目前不同方法估算不同地区 GPP 的研究结果与 BEPS 结果的对比,这些估
算方法包含了不同的估算原理以及实测站点数据,这些地区大都分布在淮河流域及附近区域,
对比发现 BEPS 模型模拟的淮河流域 GPP 与多种方法在淮河流域附近区域得到的 ET 结果
范围在量级上几乎一致。但由于 GPP 实测数据也通过模拟获得,不同模拟方法导致其波动范
围也会偏大。通过对比,可以进一步认为,在目前的参数方案中,BEPS 模型可以较精确地对
淮河流域 GPP 进行模拟。

总的来说,在多种数据来源的验证支持下,可以认为 BEPS 模型具有良好的模拟淮河流域
生态系统生产力的能力。

表 5.3 不同方法估算总初级生产力(GPP)的研究结果与 BEPS 结果对比

研究方法	研究地区	研究时段	研究指标	数值范围/mm	BEPS 模型结果/mm	参考文献
GOSIF 模型	淮河流域	2001—2018 年	GPP	1000~1500	800~1400	张心竹等(2021)
DTEC 模型	淮河流域	2001—2018 年	GPP	1000~1500	800~1400	张心竹等(2021)
TL-LUE 模型	淮河下游	2001—2014 年	GPP	1400~1600	1200~1400	刘青瑞(2017)
MODIS 产品	长江流域	2000—2015 年	GPP	900~1050	850~1100	叶许春等(2021)
涡度相关	千烟洲森林	2003—2008 年	GPP	1798	1600~1800	Yu 等(2015)
涡度相关	安庆森林	2005—2007 年	GPP	1859	1600~1800	Jia 等(2015)
涡度相关	西平县	2010 年	GPP	1288	1000~1100	耿绍波(2011)

5.2.2 总初级生产力的空间变化特征

淮河流域 GPP 年总量的空间分布如图 5.18a 所示,东北和西北较低,而西南山地地区较高,
与当地下垫面主要为林地有关。根据多年平均,淮河流域内 GPP 大多处在 600~1200 gC·m^{-2},

其中 GPP 为 800~1000 gC·m^{-2} 的区域占大多数,大致分布于淮河流域的中部。淮河流域 GPP 高值大多位于中东部和南部,其中宿迁市中部、连云港市中部、六安市南部和淮安、扬州市交界处 GPP 大于 1200 gC·m^{-2}。淮河流域 GPP 低值区位于郑州市中北部、徐州市中部、临沂市中部和淮安市中部,这些区域的 GPP 不到 600 gC·m^{-2}。1981—2019 年淮河流域 GPP 多年变化率的空间分布如图 5.18b 所示。多年以来,淮河流域 GPP 变化率小于 0 的区域仅有郑州市中部和泰州市、盐城市南部,淮河流域大部分地区 GPP 呈上升趋势,但上升的速率略有不同,中部和中西部 GPP 增加较快,而中南部和中北部增加稍慢。多年来淮河流域 GPP 变化率在 8~12 gC·m^{-2}·a^{-1} 的地区占大多数,少部分区域(驻马店市南部、商丘市东部、周口市北部、宿迁市中北部、宿州市中部和六安市西北部)变化率大于 16 gC·m^{-2}·a^{-1}。

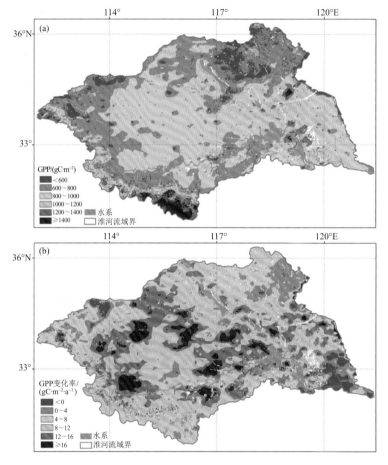

图 5.18　1981—2019 年淮河流域总初级生产力(GPP)多年平均(a)与多年变化率(b)分布

　　各个年代的 GPP 进行平均得到图 5.19。由图可知,淮河流域 20 世纪 80、90 年代,21 世纪 00、10 年代 GPP 区域分布类似,中东部较高,东北和西北部较低,且随着年代表现出明显的上升趋势,这个趋势在 21 世纪 00 和 10 年代的对比中更加明显,说明人类活动和气候变化对淮河流域 GPP 产生了巨大影响。20 世纪 80 年代,仅六安市南部、淮安市中部和连云港市中部地区 GPP 达到 1200 gC·m^{-2} 以上,大部分地区 GPP 低于 800 gC·m^{-2};到 20 世纪 90 年代,GPP 小于 600 gC·m^{-2} 的区域减少明显,GPP 为 600~1000 gC·m^{-2} 的区域明显增多;到

21 世纪 00 年代,GPP 为 800～1000 gC·m^{-2} 的地区大幅增多,淮河流域中部地区各市(亳州、商丘、阜阳、宿州等)GPP 均达到 800 gC·m^{-2} 以上,甚至达到 1000 gC·m^{-2},淮安市和连云港市部分地区 GPP 更是上升到 1200 gC·m^{-2} 以上;到 21 世纪 10 年代,淮河流域 GPP 大多大于 800 gC·m^{-2},GPP 小于 600 gC·m^{-2} 的地区减少明显,与 21 世纪 00 年代对比,GPP 达到 1000 gC·m^{-2} 以上的区域明显增多,扬州市、淮安市、平顶山市、六安市、宿迁市和连云港市的部分区域 GPP 大于 1400 gC·m^{-2}。

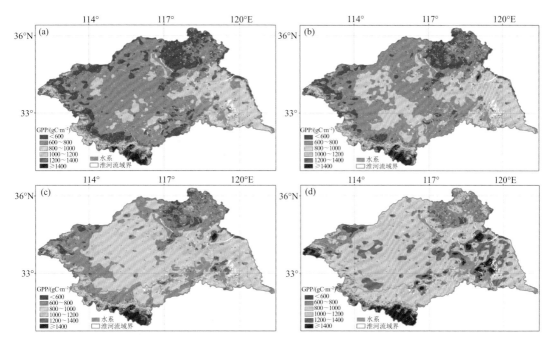

图 5.19　不同年代淮河流域总初级生产力(GPP)多年平均分布
(a)20 世纪 80 年代,(b)20 世纪 90 年代,(c)21 世纪 00 年代,(d)21 世纪 10 年代

　　将淮河流域 GPP 重心移动方向分解为经向和纬向两个方向,以探究 GPP 重心的迁移过程。图 5.20 为 GPP 空间重心分布经纬度的年际动态变化。由图 5.20a 所示,1981—2019 年 GPP 重心纬度的年际波动变化较弱,总体呈现上升趋势,且未通过 $\alpha=0.05$ 显著性检验,表明淮河流域 GPP 重心向高纬度地区轻微移动;由图 5.20b 所示,1981—2019 年 GPP 重心经度呈现出下降趋势,且通过 $\alpha=0.01$ 显著性检验,表明淮河流域 GPP 重心有显著向西转移趋势。

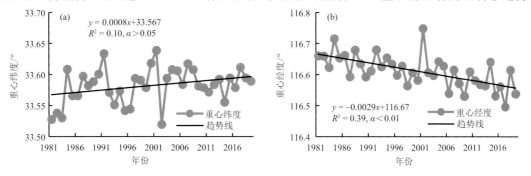

图 5.20　1981—2019 年淮河流域总初级生产力(GPP)重心纬度(a)和经度(b)的年际变化

总体而言,淮河流域 GPP 重心位于区域中部偏西,且 39 a 淮河流域 GPP 重心有着显著的西移趋势,南北向迁移变化不显著,间接说明淮河流域西部 GPP 大小与增速明显大于东部。

5.2.3 总初级生产力的时间变化特征

1981—2019 年淮河流域年平均 GPP 为 838.33 gC·m^{-2},其中夏季 GPP 总量最大(多年平均为 403.77 gC·m^{-2}),占年总量的 48.16%,其次是春季和秋季,分别为 219.06 gC·m^{-2} 和 175.26 gC·m^{-2},占 26.13% 和 20.91%,最小为冬季(40.24 gC·m^{-2}),占 4.80%。从四季来看,春季 GPP 较低是由于当季较低的气温不适于植被生长,植被才刚刚复苏,光合作用还不强;夏季,随着气温的升高,作物来到生长旺季,茂密的枝叶使太阳辐射被有效利用,光合作用和呼吸作用大大增强,GPP 达到高峰;秋季,作物逐渐成熟,生长减缓,GPP 逐渐降低;到了冬季,作物进入休眠,光合作用和呼吸速率大大降低,GPP 出现最小值。

39 a 来,淮河地区 GPP 整体呈极显著上升趋势(通过 $\alpha=0.01$ 显著性检验),线性趋势变化率为 9.49 gC·m^{-2}·a^{-1},从 1981 年的 661.95 gC·m^{-2} 上升到了 2019 年的 1001.79 gC·m^{-2}(图 5.21)。根据表 5.4,不同年代各季节的 GPP 总量差异较大,且在不同季节均表现出不同程度的增加趋势,增长速率排序为夏季>春季>秋季>冬季,其值分别为 37.80、18.18、11.81、2.73 gC·m^{-2}·(10 a)$^{-1}$。分析表明,淮河流域 GPP 年总量的增长主要来源于夏季 GPP 的增加。

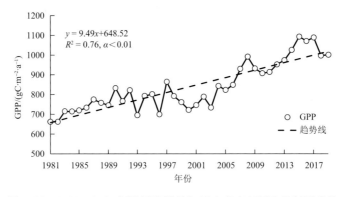

图 5.21 1981—2019 年淮河流域总初级生产力(GPP)的年际变化

表 5.4 不同年代四季及全年总初级生产力(GPP)年总量

季节	20 世纪 80 年代 GPP/(gC·m^{-2})	20 世纪 90 年代 GPP/(gC·m^{-2})	21 世纪 00 年代 GPP/(gC·m^{-2})	21 世界 10 年代 GPP/(gC·m^{-2})	气候倾向率 /(gC·m^{-2}·(10 a)$^{-1}$)
春	189.80	222.09	198.90	262.51	18.18
夏	338.48	345.88	434.52	489.69	37.80
秋	157.73	170.11	166.53	204.96	11.81
冬	34.48	44.45	36.00	45.42	2.73
全年	720.49	782.53	835.95	1002.58	70.52

淮河流域各年代 GPP 的年内变化如图 5.22 所示。淮河流域 8 月份的 GPP 最大,占全年的比例最大(21.30%),其次为 7 月、9 月、5 月,分别占比为 16.87%、13.03% 和 11.60%。各

时段的 GPP 年内变化规律基本一致,呈双峰变化趋势,双峰分别位于 5 月和 8 月,分别对应冬小麦和水稻生长最旺盛的时期。另外,随着年代的变化该地区各月 GPP 均呈上升趋势,尤其 5—9 月上升尤为明显。

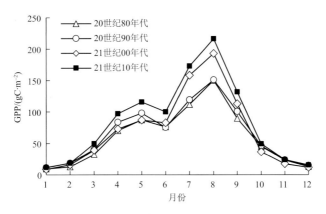

图 5.22　淮河流域各年代总初级生产力(GPP)年内变化

5.2.4　GPP 与各气候要素及植被的关系

以淮河流域年平均 GPP 总量为因变量,以同时期的因子包括叶面积指数(LAI)、降水量(Pre)、气温(T_a)、太阳辐射(R_{ad})、相对湿度(RH)、日照时数(ssd)和风速(u)为拟自变量进行通径分析,RH、ssd 和 u 在逐步回归的过程中被剔除,说明这些变量对淮河流域 GPP 的影响可以忽略。1981—2019 年淮河流域 GPP 与不同因子间的通径分析结果如表 5.5 所示。由于各个因子的直接、间接作用,相关系数绝对值排序为 LAI>T_a>Pre>R_{ad}。直接通径系数绝对值排序为 LAI>T_a>Pre>R_{ad},说明多年以来 LAI 对 GPP 的直接作用最大,T_a 对 GPP 产生的间接作用主要通过与 LAI 的强烈相互作用产生。R_{ad} 主要通过其与 LAI 的相互作用对 GPP 产生影响,这种间接影响大于 R_{ad} 对 GPP 产生的直接影响。

总的来看,决策系数绝对值排序为 LAI>T_a>Pre>R_{ad},表明 LAI 对 GPP 的决定作用最强,其次是 T_a;在淮河流域 Pre 和 R_{ad} 对 GPP 有一定影响,但影响较小,基本可以忽略。各因子中 LAI 的直接通径系数明显大于间接通径系数之和,说明 LAI 对 GPP 的影响方式主要是直接影响,而 T_a 和 R_{ad} 在对 GPP 产生直接影响的同时,通过 LAI 路径对 GPP 产生的间接影响也较明显,LAI 对 GPP 产生的直接和间接影响均说明其对 GPP 的显著决定作用。综合各因子对 GPP 变化的直接和间接影响,LAI、Pre、T_a 的增高对 GPP 变化起促进作用,R_{ad} 的增高则会抑制 GPP,但这种抑制表现不明显。

表 5.5　淮河流域总初级生产力(GPP)变化影响因子的通径分析表

因子	相关系数	直接通径系数	间接通径系数之和	LAI	Pre	T_a	R_{ad}	决策系数
LAI	0.851	0.726	0.125	—	0.003	0.193	−0.070	0.618
Pre	−0.130	−0.225	0.095	−0.009	—	0.189	−0.086	0.029
T_a	0.605	0.326	0.279	0.429	−0.130	—	−0.020	0.197
R_{ad}	−0.057	0.169	−0.226	−0.301	0.114	−0.039	—	−0.010

5.3　生态系统生物量变化特征及其对气候变化的响应

5.3.1　计算方法

生物量是指植被在经过光合作用同化后产生的干物质质量,是表征植被群体长势的重要参数之一,主要包括根、茎、叶和籽粒。生物量可简单分为地上部分(茎、叶、穗)和地下部分(根)两类。地上生物量(Aboveground Biomass,AGB)不仅仅是生态系统第一性生产力的组成部分,也是评价生态系统的生态脆弱性的重要指标。关于生物量的研究与应用最早是在林学的相关研究中提出。其后在草地和农田领域,众多学者也开展了关于地上生物量的大量研究。农田的地上生物量与长势和单产密切相关,主要受到环境气候、地形、生物多样性和管理利用方式等因素的影响。环境与气候的因素包括光照、水分和土壤温度。地形主要包括海拔、地势、斜面等要素,气象条件主要包括光照射、湿度及温度等环境因素。通过海拔高度的变化,气候要素对地上生物量的影响进一步加强。

淮河流域是我国农业生产经营活动的典型区域之一,代表了东亚季风区的主要气候条件和生态环境状况。同时由于淮河流域地处我国南北气候过渡带,天气复杂多变,加上地形的共同作用,使得该区域地上生物量变化可能较之其他区域更为复杂。而目前流域尺度地上生物量的时空动态变化研究尚不多见。因此,建立该区域 AGB 的估算方法及分析气候变化背景下该区域 AGB 的变化特征对了解该区域碳源汇情况,以及评估区域生态系统功能变化具有重要意义。

农田地上生物量主要有 3 种获取方法:直接收获法、产量模拟模型法和遥感模型法。直接收获法是在植被生长发育最旺盛的时候,通过试验的方式去获取某一样地上的所有生物量并进行称重。这种方法估算精度高并且操作简单,但是需要花费大量的时间和精力才能够采集足够的样本数据,而利用有限的样本数据估算大区域范围的生物量也存在较大误差,并且该方法还破坏样地的植被覆盖情况。因此,这种方法一般用于估算小区域范围的地上生物量。产量模拟模型法考虑了植被的生态环境特征和生理特征,一般将土壤、植被种类、气候和技术等条件因素用于模型中。该方法需要研究区大量详细具体资料,由于搜集足够的数据存在难度,因此,这种模型很难在大范围区域进行估算。遥感模型法主要是基于遥感数据,利用遥感变量和同一时期的地面采样数据建立数据集、构建生物量遥感模型,目前运用遥感手段进行综合建模应用最为广泛。本研究综合利用气象数据和遥感反演数据结合 BEPS 模型进行 AGB 的估算。

AGB 就是生育期内从第一天到第 n 天的干物质的累积量,即:

$$AGB = \sum_1^n NPP \tag{5.24}$$

式中,n 为生育期的第 n 天,NPP 为第一净生产力,也表示为有机物质干重,计算方法如下:

$$NPP = GPP - R_g - R_m \tag{5.25}$$

式中,R_g 代表植物生长呼吸,R_m 代表植物维持呼吸,二者是构成植物的自养呼吸(R_a)的两部分,计算方法如下:

$$R_a = R_g + R_m$$

$$R_{\mathrm{g}} = 0.25\mathrm{GPP} \tag{5.26}$$

$$R_{\mathrm{m}} = \sum_{i=1}^{4} M_i R_{\mathrm{m},i} Q_{10}^{(T-T_b)/10} \tag{5.27}$$

式中:i 代表植物的不同器官(叶、茎、粗根和细根);M_i 为第 i 个器官的生物量;$R_{\mathrm{m},i}$ 为第 i 个器官在温度 T_b(单位:℃)时的呼吸速率(单位:$\mu\mathrm{mol} \cdot \mathrm{m}^{-2} \cdot \mathrm{s}^{-1}$);$T$ 为气温(单位:℃);Q_{10} 为呼吸对温度变化的响应系数。

5.3.2 平均生物量

5.3.2.1 日变化

如图 5.23 所示,流域多年平均 AGB 在年内日尺度变化呈现"双峰型"变化规律,两个"峰"分别位于 170 d 与 217 d。在年初和年末,AGB 都处在较低水平,仅有 400 gC·m^{-2},到了100 d 左右,AGB 上升速度明显变快,到 170 d 出现第一个峰值,为 1475 gC·m^{-2};经过大约40 d 的缓慢升高,在 170 d 又迅速上升,并在 217 d 达到一年中的最大值,为 2531 gC·m^{-2},而后迅速下降。

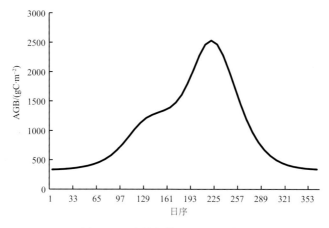

图 5.23 流域年均 AGB 的日变化

5.3.2.2 年际变化

将流域 AGB 逐年进行平均而得到图 5.24。1981—2020 年流域 AGB 呈现波动上升的趋势,从 1981 年的 836.8 gC·m^{-2} 逐渐上升到 2018 年的 983.3 gC·m^{-2}。多年平均 AGB 为884.0 gC·m^{-2},最大值出现在 2015 年,为 1083.6 gC·m^{-2},最小值出现在 1996 年,为741.0 gC·m^{-2}。构建所得年份与 AGB 的线性方程为 $y=6.333x+760.53(R^2=0.581)$,同样表明,所研究年份内 AGB 有明显的上升趋势。

5.3.2.3 空间分布

由图 5.25 可知,流域 AGB 自 20 世纪 80 年代到 21 世纪 10 年代四个年代间呈现出明显的增加趋势,AGB 区域上大体分布为南高北低,流域的西部地区 AGB 也较高。西部和南部地区自 20 世纪 80 年代以来就大于 700 gC·m^{-2},甚至大于 1400 gC·m^{-2}。在 20 世纪 80 与 90年代,流域中部的 AGB 大多在 500 gC·m^{-2} 以下;而 21 世纪 00 年代时 AGB 小于 400 gC·m^{-2} 的区域大幅度减少,500~700 gC·m^{-2} 的区域大幅增加,南部和西部地区继续保持高 AGB,但区域较

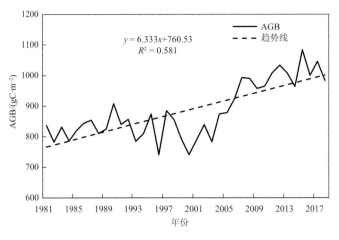

图 5.24 流域年均 AGB 年际变化

前两个年代有略微扩大;到了 21 世纪 10 年代,淮河流域大范围内 AGB 大于 600 gC·m^{-2},仅北部和部分东部沿海地区 AGB 还小于 400 gC·m^{-2}。

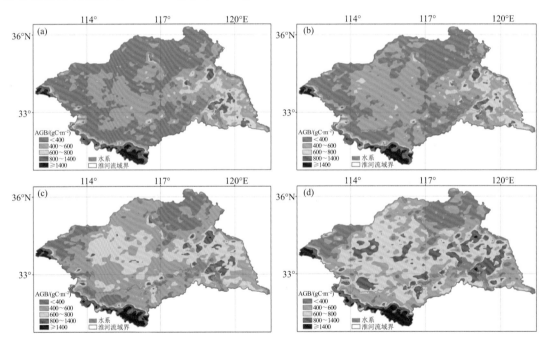

图 5.25 流域不同年代的年均 AGB 空间分布

(a)20 世纪 80 年代,(b)20 世纪 90 年代,(c)21 世纪 00 年代,(d)21 世纪 10 年代

5.3.2.4 流域年均 AGB 空间变化

如图 5.26 所示,除东部沿海等小范围区域以外,1981—2020 年流域 AGB 变化趋势均大于 0,即流域大范围的 AGB 表现为上升趋势,但上升的速率有所不同。在流域的中部、中部偏北和中部偏西区域大范围 AGB 变化趋势最大,上升最明显,几乎都在 0.5 以上,甚至出现大面积大于 0.75 的情况;然而在流域的南部和东部沿海地区,AGB 变化趋势大多小于 0.5,甚

至有大面积小于 0 的情况,即 AGB 在流域这些范围内增长不快甚至有所减小。

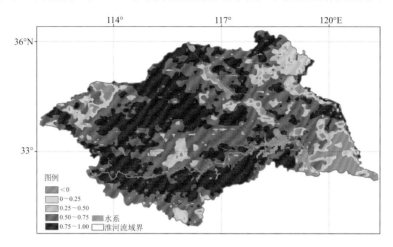

图 5.26　流域年均 AGB 的空间变化趋势分布

5.3.3　最大生物量

5.3.3.1　逐年变化

将流域各位置 AGB 求逐年内最大值,再求平均得到流域 AGB_{max} 变化图(图 5.27)。1981—2020 年流域 AGB_{max} 呈现波动上升的趋势,从 1981 年的 2111 $gC \cdot m^{-2}$ 逐渐上升到 2018 年的 2610 $gC \cdot m^{-2}$。多年(1981—2020 年)平均 AGB_{max} 为 2221 $gC \cdot m^{-2}$,最大值出现在 2015 年,为 3025 $gC \cdot m^{-2}$,最小值出现在 1982 年,为 1699 $gC \cdot m^{-2}$。构建所得年份与 AGB 的线性方程为 $y=28.639x+1662.9(R^2=0.661)$。与 AGB 相同,流域 AGB_{max} 有明显的上升趋势。

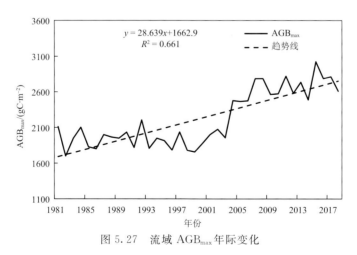

图 5.27　流域 AGB_{max} 年际变化

5.3.3.2　年代变化

由图 5.28 可知,流域 AGB_{max} 自 20 世纪 80 年代到 21 世纪 10 年代四个年代间呈现出明显的增加趋势,AGB_{max} 区域大体分布为南高北低,流域的西部地区 AGB_{max} 也较高。西部和南部地区自 20 世纪 80 年代以来就大于 2500 gC·m^{-2},在 20 世纪 80 年代与 90 年代,流域中部的 AGB$_{max}$ 大多在 700~1500 gC·m^{-2};而 21 世纪 00 年代与 10 年代时 AGB$_{max}$ 小于 1000 gC·m^{-2} 的区域大幅度减少,1500~2500 gC·m^{-2} 的区域大幅增加,甚至流域大范围内 AGB$_{max}$ 大于 2500 gC·m^{-2},仅西北部和部分东部沿海地区 AGB$_{max}$ 仍小于 700 gC·m^{-2}。

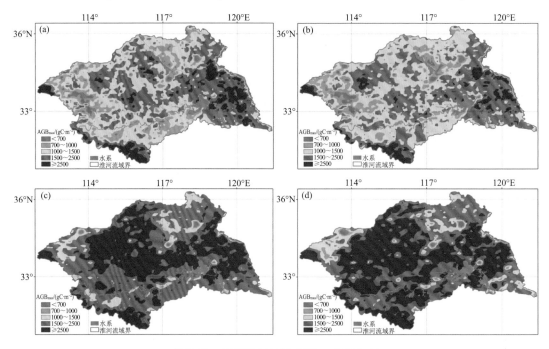

图 5.28   流域不同年代 AGB$_{max}$ 空间分布

(a)20 世纪 80 年代,(b)20 世纪 90 年代,(c)21 世纪 00 年代,(d)21 世纪 10 年代

5.3.3.3   变化趋势

如图 5.29 所示,同 AGB 变化趋势相同,除东部沿海等小范围区域以外,近 40 a 淮河流域 AGB$_{max}$ 变化趋势均大于 0,即流域大范围的 AGB$_{max}$ 表现为上升趋势,但上升的速率有所不同。

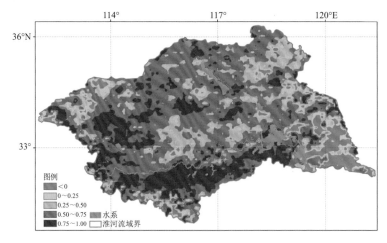

图 5.29   流域 AGB$_{max}$ 变化趋势空间分布

在流域的中部、中部偏北和中部偏西区域大范围 AGB_{max} 变化趋势最大,上升最明显,几乎都在 0.5 以上,甚至出现大于 0.75 的情况;然而,在流域的南部和东部沿海地区,AGB_{max} 变化趋势多在 0.5 以下,甚至在东部沿海地区出现大面积小于 0 的情况,即 AGB_{max} 在流域这些范围内为减小趋势。

5.4 本章小结

(1)在气候变暖背景下,淮河流域春季物候期普遍提前,而秋季物候期则以推迟为主。同种植物春季和秋季物候期的变化趋势存在一定程度上的地区间差异,尤其是秋季物候期。春季物候期早迟与其前 1~2 个月的平均气温冷暖高度相关,但与降水和日照时数相关程度不显著;秋季物候期与前期气候要素的相关性程度普遍不显著。早春连阴雨往往使得春季物候期有所推迟,夏末初秋干旱则会造成秋季物候期提前。不同植物的叶芽开放期、展叶始期和开花始期与前期温度之间普遍呈现非线性关系,且在多数情况下叶芽开放期对前期温度变化最为敏感,展叶始期次之。

(2)淮河流域生态系统生产力高值区位于中东部和南部,流域内大部分区域生产力呈上升趋势,但上升速率略有不同,变化率空间分布为中部和中西部较高,中部偏北和偏南地区较低;流域生产力重心位于中部偏西,且有着显著的西移趋势。总的来看,本研究模拟的生态系统生产力分布格局与已有模型模拟的结果类似,淮河流域明显高于中国西部与东北部草地分布区,却低于中国南部的常绿阔叶林分布区,流域内生态系统生产力大小也表现出森林>农田>草地的特性,这与农田的下垫面性质和作物特征有关。流域生态系统生产力显著上升,这是适宜的气候变化、人类的活动与科技运用(农田灌溉施肥等)、大气的 CO_2 施肥效应与植被生长因素协同作用产生的结果。

(3)淮河流域多年平均地上生物量在年内日尺度上呈现“双峰型”变化趋势,存在两个快速上升期,峰值出现在 8 月上旬。淮河流域年均生物量年际变化呈现波动上升的趋势。区域上大体分布为南高北低。空间变化趋势均大于 0,即淮河流域大范围的 AGB 表现为上升趋势,但上升的速率有所不同,以中部、中部偏北和中部偏西区域上升趋势较大。

第 6 章
流域生态系统碳通量

6.1 典型稻麦农田生态系统二氧化碳通量多时间尺度变化

6.1.1 观测场地和观测系统概况

观测地点位于寿县国家气候观象台。寿县地处北部沿淮地区、淮河中游南岸,属亚热带季风性半湿润气候,四季分明,雨热同期。寿县作为农业大县,下垫面主要是平坦农田,以水稻—小麦、水稻—油菜轮作为主,一年两熟。寿县国家气候观象台属于中国气候观测系统确定的黄淮农业生态观测区,代表了东亚季风区的主要气候条件和生态环境状况,也是我国农业生产经营活动的典型区域之一。它所在的淮河流域代表了我国东部半湿润半干旱季风区关键地区的下垫面特征。

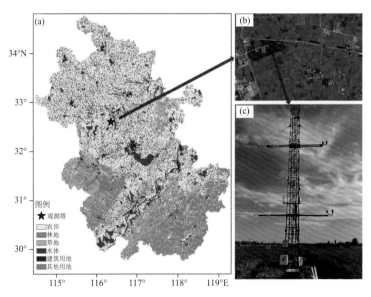

图 6.1 寿县国家气候观象台位置(a,b)和观测系统(c)

2007 年 7 月—2013 年 4 月观测场位于九龙(32°30.83′N,116°46.47′E,海拔 26.8 m),2013 年 5 月至今位于窑口(32°27.42′N,116°47.58′E,海拔 25.7 m)。九龙观测场在城区中心以南 9 km 处,占地面积 17 亩,东、南、西三面为大片农田,北面为居民区;观测塔立于场内西南角,周围方圆 $2 \sim 5 \, km^2$ 范围内基本是平坦农田(图 6.1)。窑口观测场在城区中心以南 12 km处,占地面积 300 亩,四面均为大片农田;观测塔立于基准气候观测区东北侧,下垫面平坦开阔,周边植被类型为当地典型的稻麦轮作农田。近地面层通量观测系统由湍流观测分系统和梯度观测分系统组成,其中梯度观测中气象塔高 32 m。湍流观测分系统包括三维超声风温仪和红外 H_2O/CO_2 分析仪。采样频率为 10 Hz(图 6.2)。两个观测场的环境 $30 \sim 50 \, a$ 不受破坏,周边无污染源、无高层建筑,因此是研究农田生态系统各要素变化规律及其物理过程的理想观测试验区。

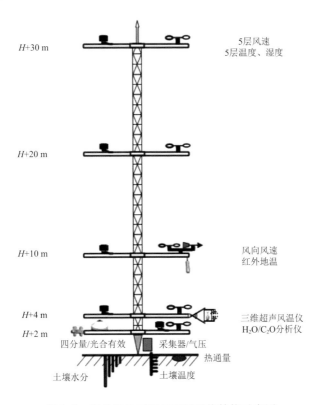

图 6.2　寿县近地层通量观测系统结构示意图

6.1.2　研究资料

寿县近地面层通量观测系统由湍流观测分系统和梯度观测分系统组成。湍流观测分系统主要包括三维超声风温仪和红外 H_2O/CO_2 分析仪;梯度观测分系统中气象塔高 32 m,由安装在梯度塔上的 5 层温度、湿度、风速传感器、1 层风向传感器、四分量长、短波(向上、向下)辐射传感器、光合有效辐射传感器、气压、红外地表温度传感器、5 层铂电阻地温传感器、5 层土壤水分观测传感器和 1 层 3 点土壤热通量传感器组成。2007 年 6 月在观测场安装了开路式涡度相关系统,用于测量农田生态系统与大气间的通量交换。该系统主要由开路式红外 H_2O/CO_2 分析仪(CS7500,LI-COR,美国)、超声风速仪(CSAT-3,Campbell,美国)和数据采集器(CR3000,Campbell,美国)组成。仪器安装高度为 4 m,采样频率为 10 Hz,同时在线计算30 min通量并把结果存储在数据采集器内,观测仪器的基本技术性能见表 6.1。

淮河流域生态气象

表 6.1   寿县 CO_2 通量观测系统主要观测仪器的基本技术性能

观测仪器	准确度	分辨率	平均时间/min	自动采样频率
CSAT3 三维超声风速仪	风速水平分量:$4.0 \text{ cm} \cdot \text{s}^{-1}$ 风速垂直分量:$2.0 \text{ cm} \cdot \text{s}^{-1}$	风速水平分量:$1 \text{ mm} \cdot \text{s}^{-1}$ 风速垂直分:$0.5 \text{ mm} \cdot \text{s}^{-1}$ 虚温 0.025 ℃	30	10 Hz
LI-7500 红外 H_2O/CO_2分析仪	$0.3 \text{ mg} \cdot \text{kg}^{-1}(CO_2)$ $0.15 \text{ mmol} \cdot \text{mol}^{-1}(H_2O)$	$0.1 \text{ mg} \cdot \text{kg}^{-1}(CO_2)$ $0.1 \text{ mmol} \cdot \text{mol}^{-1}(H_2O)$	30	10 Hz

6.1.3 数据处理

以中国气象局《近地层通量观测规范》和《涡动相关通量观测指导手册》作为参照,借助国际上通用的涡度相关数据处理软件 EddyPro,对涡度相关系统观测进行数据质量控制与订正,得到采样周期为 30 min 的通量数据产品。数据处理过程主要包括数据合理性检验、数据一致性检验、样本数量和 AGC 数据检查、摩擦风速检验、降水时段碳通量数据剔除、异常值剔除检验、延迟时间订正、超声虚温订正、坐标旋转订正、空气密度效应订正、频率效应订正。

研究表明,通量观测过程中,受仪器故障、天气状况、大气稳定度和供电系统故障等影响造成大量数据的异常和缺失,数据不可用比例通常在 17%~50%。本研究观测时间为 2007 年 7 月—2019 年 12 月,有效观测数据达到 79%,数据缺测率为 19%,数据异常率为 2%。

缺失数据插补方法主要有平均日变化法、根据特定气象条件查表法、非线性回归法。本研究对于小于 2 h 缺失数据用线性内插法插补,对于大于 2 h 而且小于一天缺失数据用平均日变化法进行插补,白天取 14 d,夜间取 7 d 的平均时间长度。

通量观测数据缺失较多,直接平均的方式计算 CO_2 通量年总量误差非常大。本研究多年平均 CO_2 通量计算方式为:基于 2007—2019 年逐日 CO_2 通量资料,先计算多年平均得到一年中每天的 CO_2 通量,再将日累加得到多年平均的年 CO_2 通量总量。每年 CO_2 通量计算方式为:先利用多年平均日 CO_2 通量插补缺失,再将日累加得到年 CO_2 通量总量。数据缺失超过 40 d,该年记为数据缺失。2007—2019 年 13 a 中,年尺度 CO_2 通量资料较为完整的年份有 8 a,分别为 2008—2011 年和 2016—2019 年;数据缺失年份有 5 a,分别为 2007 年和 2012—2015 年;数据缺失年份不做年尺度变化分析。

6.1.4 二氧化碳通量小时尺度变化特征

寿县稻麦轮作农田生态系统 2007—2019 年多年平均的年和四季小时尺度 CO_2 通量具有明显的日变化,呈现 U 型特征(图 6.3)。白天作物同时进行呼吸作用和光合作用,但光合作用明显强于呼吸作用,农业生态系统不断从大气中吸收 CO_2,CO_2 通量为负值,表现为 CO_2 净吸收。夜间土壤呼吸和作物暗呼吸释放 CO_2,CO_2 通量为正值,农田生态系统表现为 CO_2 净排放。

从年平均来看,农田生态系统在日出后 07:00 开始 CO_2 净吸收,CO_2 净吸收随时间逐渐增大,12:00 达到峰值,为 $0.43 \text{ mg} \cdot \text{m}^{-2} \cdot \text{s}^{-1}$,随后逐渐减弱,并在 17:00 开始转为 CO_2 净排放,一直持续到次日 06:30,CO_2 净排放峰值出现在 21:30,达到 $0.118 \text{ mg} \cdot \text{m}^{-2} \cdot \text{s}^{-1}$。白天 CO_2 净吸收量为 $0.26 \text{ mg} \cdot \text{m}^{-2} \cdot \text{s}^{-1}$,明显多于夜间 CO_2 净排放量 $0.086 \text{ mg} \cdot \text{m}^{-2} \cdot \text{s}^{-1}$。

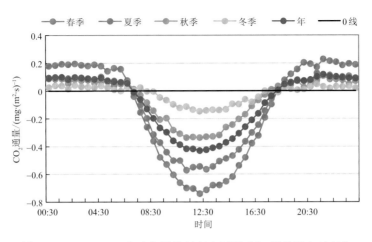

图 6.3　2007—2019 年多年平均的年和四季 CO_2 通量逐小时变化

四季 CO_2 通量日变化特征与年平均 CO_2 通量相似,呈 U 型特征,白天 CO_2 净吸收多于夜间 CO_2 净排放。但 CO_2 通量日变化幅度、净吸收和净排放峰值大小以及出现时间存在差异。CO_2 通量日变化幅度、净吸收和净排放峰值夏季均最大,净吸收和净排放峰值分别为 0.74 mg·m^{-2}·s^{-1} 和 0.228 mg·m^{-2}·s^{-1};春季其分别为 0.572 mg·m^{-2}·s^{-1} 和 0.129 mg·m^{-2}·s^{-1};冬季最小,仅为 0.147 mg·m^{-2}·s^{-1} 和 0.047 mg·m^{-2}·s^{-1}。CO_2 净吸收峰值夏季出现在 11:00,其他季节均出现在 12:00。CO_2 净排放峰值冬春季出现在 21:00,夏秋季出现在 21:30。CO_2 净吸收时段为 10~11.5 h,春季最长,夏季其次,秋季最短。四季 CO_2 净吸收和净排放的差异主要与气象条件和作物生育期有关。夏季和春季分别是水稻和冬小麦的关键生育期,气温高,太阳辐射强,作物生长迅速,白天光合作用和夜间呼吸作用强,净吸收和净排放大;秋季是水稻成熟期至冬小麦播种期的过渡阶段,白天光合作用和夜间呼吸作用较弱,净吸收和净排放较小;冬季小麦处于越冬期,生长缓慢,光合作用弱,同时温度低,夜间土壤呼吸和作物暗呼吸作用受抑制,净吸收和净排放最小。

6.1.5　二氧化碳通量日尺度变化特征

寿县稻麦轮作农田生态系统日尺度 CO_2 通量具有明显的季节变化,呈现为 W 型双峰特征。一年中存在明显的两个 CO_2 净排放期和两个 CO_2 净吸收期。两个 CO_2 净吸收期分别在 11 月下旬至 5 月下旬和 7 月上旬至 10 月上旬,CO_2 通量为负值。第一段为冬小麦生育期,第二段为水稻生育期。净吸收强弱与作物生长发育进程密切相关。净吸收峰值分别出现在 4 月中旬和 7 月下旬,对应着冬小麦抽穗期和水稻孕穗期。

两个 CO_2 净排放期分别在 5 月下旬至 6 月下旬和 10 月中旬至 11 月下旬,对应两个稻麦轮作间歇期,CO_2 通量为正值。净排放峰值分别出现在 6 月上旬和 11 月中旬。CO_2 净排放主要有两方面原因:一是第一季作物成熟收获和第二季作物移栽或播种期间存在一个没有作物生长的裸地阶段;二是刚移栽或播种的水稻/冬小麦幼苗前期生长缓慢,生长活动很弱,而土壤呼吸作用较为强烈(图 6.4)。

CO_2 通量季节变化与作物生长有着密切的关系。1—4 月冬小麦经过越冬开始返青生长,CO_2 通量为净吸收,并随着生长发育而不断增强;4 月中旬冬小麦处于抽穗期,作物生长活动

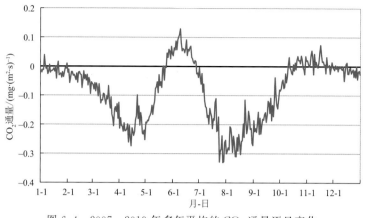

图 6.4　2007—2019 年多年平均的 CO_2 通量逐日变化

旺盛，CO_2 净吸收达到一年中的次峰值；随着冬小麦灌浆成熟，CO_2 净吸收不断减弱。5 月下旬和 6 月，随着冬小麦的成熟收割、腾茬、水稻种植（插秧），下垫面的呼吸与分解使得 CO_2 通量表现为净排放；其后随着水稻进入生长期，CO_2 通量再次表现为净吸收；到了 7 月下旬，水稻处于孕穗期，CO_2 净吸收达到最大。9—10 月随着水稻灌浆至成熟，CO_2 净吸收迅速减小，直至 11 月冬小麦播种与出苗期，CO_2 通量表现为弱排放。12 月冬小麦进入越冬期，CO_2 通量表现为弱吸收。

6.1.6　二氧化碳通量月尺度变化特征

2007—2019 年多年平均的月尺度 CO_2 通量具有明显的季节变化，呈现为 W 型双峰特征（图 6.5），与日尺度 CO_2 通量的季节变化特征相似。1—5 月、7—10 月和 12 月 CO_2 通量均为负值，是 CO_2 净吸收期；CO_2 净吸收最大值出现在 8 月，为 0.24 mg $\cdot$ m^{-2} $\cdot$ s^{-1}；次大值出现在 4 月，为 0.21 mg $\cdot$ m^{-2} $\cdot$ s^{-1}；分别对应冬小麦和水稻的孕穗抽穗期。6 月和 11 月 CO_2 通量均为正值，是 CO_2 净排放期，6 月 CO_2 净排放最大，为 0.05 mg $\cdot$ m^{-2} $\cdot$ s^{-1}。

2007—2019 年月尺度 CO_2 通量虽然季节变化特征相似，但年际和年代际差异明显。与多数年份相比，2016 年和 2017 年 1—6 月 CO_2 通量明显偏大，CO_2 净吸收偏弱，甚至 5 月为 CO_2 净排放。2014 年 7 月、2015 年 8 月和 2009 年 9 月 CO_2 通量明显偏大，净吸收偏小。2019 年 11—12 月 CO_2 通量较为反常，11—12 月净排放异常偏大 5 倍，可能与近 40 a 最严重的伏秋连旱有关系。这次干旱过程（8 月 12 日—11 月 23 日）寿县降水量较常年同期偏少 8 成，为历史同期第二少，10 月以后长期维持重旱以上。11—12 月冬小麦进入出苗和冬前分蘖期，幼苗前期生长缓慢，生长活动很弱，多数年份 CO_2 通量表现为弱的净吸收。2019 年伏秋连旱影响了冬小麦幼苗生长发育，严重抑制了农田生态系统 CO_2 吸收能力，光合作用吸收的 CO_2 小于作物和土壤呼吸排放的 CO_2，导致 CO_2 净排放异常增加。

月尺度 CO_2 通量年代际差异主要体现在 2013 年迁站前与迁站后 CO_2 通量季节变化特征不同。迁站后（2014—2019 年）冬小麦生育期 1—5 月和 12 月 CO_2 净吸收和 6 月 CO_2 净排放均明显小于迁站前（2007—2012 年）的情况。迁站后水稻生育期 7—8 月 CO_2 净吸收小于迁站前的情况，但 9 月迁站后 CO_2 净吸收大于迁站前的情况。10 月迁站前为 CO_2 净排放，而迁站后为 CO_2 净吸收；11 月则相反，迁站前为 CO_2 净吸收，迁站后为 CO_2 净排放。这种年代际差异

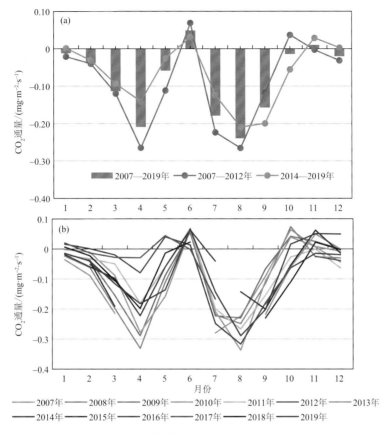

图 6.5　2007—2019 年多年平均(a)和各年(b)CO_2 通量逐月变化

可能和气候变化以及观测场地环境状况发生变化有关系。迁站后比迁站前气候更为异常,如 2016 年秋季发生了严重渍涝,2019 年发生了严重的伏秋连旱。

6.1.7　二氧化碳通量年尺度变化特征

2007—2019 年寿县稻麦轮作农田生态系统表现为碳汇,为 CO_2 净吸收。2007—2019 年多年平均的年 CO_2 通量为 $-2.58 \ kg \cdot m^{-2} \cdot a^{-1}$。2008—2011 年年 CO_2 通量均小于 2007—2019 年多年平均值,而 2016—2019 年年 CO_2 通量均大于多年平均值(图 6.6)。表明 2016—2019 年农田生态系统的固碳能力比 2008—2011 年明显减小,可能是因为 2013 年迁站后,农田生态系统观测场地和周边环境发生变化以及气候更为异常,导致农田生态系统的固碳能力明显减小。农田生态系统固碳能力年际差异明显。2008 年 CO_2 通量为 $-3.26 \ kg \cdot m^{-2} \cdot a^{-1}$,$CO_2$ 净吸收最大,较 2007—2019 年平均值偏多 26.1%;2017 年 CO_2 通量为 $-1.78 \ kg \cdot m^{-2} \cdot a^{-1}$,$CO_2$ 净吸收最小,较 2007—2019 年平均值偏少 31.0%;2008 年 CO_2 净吸收是 2017 年的 1.8 倍。2008—2011 年中,CO_2 净吸收最大的 2008 年比最小的 2009 年偏多 25.3%。2016—2019 年中,CO_2 净吸收最大的 2019 年比最小的 2017 年偏多 39.7%。

2017 年 CO_2 净吸收量异常偏少与前期秋季降水异常有关系。2016 年秋季寿县出现持续性阴雨天气,降水异常偏多 1 倍,为历史同期第二多,导致大范围农田土壤持续过湿,发生严重渍涝,冬小麦无法播种,2017 年冬小麦生育期农田生态系统对 CO_2 的吸收较少。分月来看,2017 年 1—5 月农田没有冬小麦等作物生长,CO_2 通量波动较小。1 月表现为 CO_2 弱排放;2—4 月表现为 CO_2 弱吸收,4 月 CO_2 净吸收最大,仅为 -0.03 mg·m^{-2}·s^{-1},较 2007—2019 年平均值偏少 85.7%。2017 年农田生态系统 CO_2 净吸收主要发生在水稻生长季,贡献率达到 92.7%。

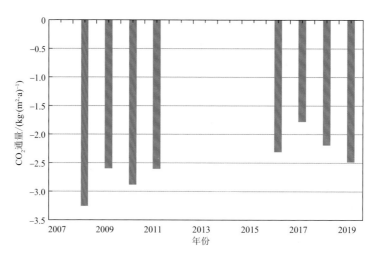

图 6.6　2007—2019 年 CO_2 通量年总量逐年变化

6.1.8　不同作物生育期二氧化碳通量变化特征

寿县稻麦轮作农田生态系统 CO_2 通量变化与作物生育期有着直接的联系,冬小麦和一季稻是寿县农田生态系统主要的农作物,表 6.2 给出了寿县冬小麦和一季稻不同生育期 CO_2 通量的 2007—2019 年多年平均值。冬小麦播种、出苗和冬前分蘖期 CO_2 通量为正值,是 CO_2 净排放期。进入越冬期,CO_2 通量由正转负,进入 CO_2 净吸收期,但由于冬小麦生长活动较弱,CO_2 净吸收非常弱。随着冬小麦进入返青分蘖期和拔节期,冬小麦开始快速生长,CO_2 净吸收越来越多,其中孕穗期和抽穗期 CO_2 净吸收达到最强,CO_2 通量分别为 -0.207 和 -0.206 mg·m^{-2}·s^{-1}。进入灌浆乳熟期,CO_2 净吸收持续下降;进入成熟期,冬小麦基本停止生长,等待收割,收割后还有一段没有作物生长的裸地阶段,CO_2 通量由净吸收转为净排放。

水稻生育期过程中,移栽期为微弱的 CO_2 净吸收期;随着进入分蘖期和孕穗期,CO_2 净吸收达到最强,CO_2 通量分别为 -0.232 和 -0.266 mg·m^{-2}·s^{-1};抽穗扬花期 CO_2 净吸收有所下降,但 CO_2 通量依然达到 -0.206 mg·m^{-2}·s^{-1};灌浆乳熟期 CO_2 净吸收快速下降,CO_2 通量为 -0.139 mg·m^{-2}·s^{-1},乳熟成熟期 CO_2 净吸收非常微弱。

因此,随着冬小麦和水稻的生长,光合作用吸收的 CO_2 越来越多,同时土壤呼吸和作物暗呼吸排放 CO_2 也增多,但作物吸收的 CO_2 远大于排放的 CO_2。

2007—2019 年多年平均的冬小麦生育期 CO_2 通量为 -0.078 mg·m^{-2}·s^{-1},总量为 -1.21 kg·m^{-2};一季稻生育期 CO_2 通量为 -0.173 mg·m^{-2}·s^{-1},总量为 -1.59 kg·m^{-2}。整个生育期 CO_2 通量总量为 -2.8 kg·m^{-2},冬小麦和水稻分别占 43.2% 和 56.8%。水稻平均 CO_2 通量是冬小麦的 2.2 倍,但是生育期长度明显短于冬小麦,只有冬小麦的 59%,因此,水稻

CO_2 通量总量只比冬小麦多 31.5%。表明水稻农田生态系统 CO_2 净吸收能力强于冬小麦。稻麦轮作农田生态系统间歇期为 CO_2 净排放。冬小麦至水稻的间歇期 CO_2 通量为 0.056 mg·m^{-2}·s^{-1}，总量为 0.16 kg·m^{-2}，冬小麦至水稻的间歇期 CO_2 通量为 0.013 mg·m^{-2}·s^{-1}，总量为 0.05 kg·m^{-2}，间歇期合计总量为 0.21 kg·m^{-2}，削减整个生育期 CO_2 净吸收总的 7.7%。

表 6.2   不同生育期 CO_2 通量变化特征

	冬小麦					
	播种	出苗	冬前分蘖	越冬	返青分蘖	拔节
时间	10月中下旬	11月上旬	11月中旬至12月中旬	12月下旬至2月上旬	2月中旬至3月上旬	3月中下旬
天数/d	21	10	40	52	28	21
CO_2 通量/(mg·m^{-2}·s^{-1})	0.007	0.019	0.002	−0.018	−0.056	−0.131

	冬小麦				
	孕穗	抽穗	灌浆	乳熟	成熟
时间	4月上旬	4月中下旬	5月上旬	5月中下旬	6月上中旬
天数/d	10	20	10	21	20
CO_2 通量/(mg·m^{-2}·s^{-1})	−0.207	−0.206	−0.169	−0.017	0.070

	一季稻					
	移栽	分蘖	孕穗	抽穗杨花	灌浆乳熟	乳熟成熟
时间	6月中旬至7月上旬	7月中旬至8月上旬	8月中旬	8月下旬至9月上旬	9月中下旬	10月上旬
天数/d	20	31	10	21	20	10
CO_2 通量/(mg·m^{-2}·s^{-1})	−0.005	−0.232	−0.266	−0.206	−0.139	−0.051

分年(图 6.7)来看，2016 年和 2017 年冬小麦生育期 CO_2 通量总量接近于 0，主要由于前期没有播种冬小麦所导致。2008—2011 年、2018—2019 年整个水稻和冬小麦生育期 CO_2 通量总量均超过 −2.0 kg·m^{-2}，其中 2008 年总量最大，为 −3.38 kg·m^{-2}，2017 年最小，为 −1.74 kg·m^{-2}，前者是后者的 1.9 倍。冬小麦生育期 CO_2 通量总量除 2016—2017 年外均超过 −0.8 kg·m^{-2}，其中 2008 年总量最大，为 −2.01 kg·m^{-2}，2018 年最小，为 −0.85 kg·m^{-2}，前者是后者的 2.4 倍。水稻生育期 CO_2 通量总量均超过 −1.2 kg·m^{-2}，其中 2016 年总量最大，为 −1.95 kg·m^{-2}，2009 年最小，为 −1.21 kg·m^{-2}，前者是后者的 1.6 倍。

进一步分析冬小麦和水稻生育期对整个生育期固碳能力的贡献，2008 年和 2009 年整个生育期 CO_2 净吸收的主要贡献均来自冬小麦生育期，分别占 60% 和 58%；2010 年、2011 年、2018 年、2019 年整个生育期 CO_2 净吸收的主要贡献均来自水稻生育期，分别占 55%、65%、59%、58%。2016 年和 2017 年因没有播种冬小麦，整个生育期 CO_2 净吸收均直接来自水稻生育期，分别占 100% 和 95%。

从平均 CO_2 通量来看，2008—2018 年水稻生育期 CO_2 通量明显大于冬小麦生育期 CO_2 通量。2008—2011 年和 2018—2019 年冬小麦生育期 CO_2 通量为 0.049~0.115 mg·m^{-2}·s^{-1}，2008—2018 年水稻生育期 CO_2 通量为 0.152~0.245 mg·m^{-2}·s^{-1}，前者的最大值小于后者的最小值。水稻生育期平均 CO_2 通量是冬小麦生育期平均 CO_2 通量的 1.5~4.1 倍。但由于冬小麦

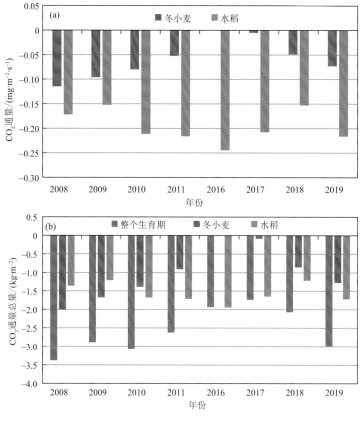

图 6.7 不同生育期 CO_2 通量(a)及其总量(b)逐年变化

生育期长度 202 d,是水稻生育期长度 92 d 的 2.2 倍,因此,水稻生育期和冬小麦生育期 CO_2 通量总量差异为 68%~189%。2008 年和 2009 年虽然水稻生育期平均 CO_2 通量明显强于冬小麦生育期,但由于冬小麦生育期长度明显长于水稻生育期长度,从而使得冬小麦生育期 CO_2 通量总量大于水稻生育期。2008—2011 年和 2018—2019 年水稻和冬小麦生育期平均 CO_2 通量强度差异难以抵消生育期长度差异,水稻生育期 CO_2 通量总量明显大于冬小麦生育期。

6.2 典型稻麦农田生态系统甲烷通量多时间尺度变化

6.2.1 研究资料

本节的站点数据来源于寿县国家气候观象台。甲烷(CH_4)通量开路式涡动相关观测系统由 CR6 数据采集器、LI-7700 开路式 CH_4 气体分析仪和 EC150 分体式涡动协方差观测系统组成,安装高度为 4 m,原始数据采样频率为 10 Hz,每 30 min 输出一组通量的均值以及 10 Hz 原始数据。所选数据时间为 2020 年 1 月至 2020 年 12 月。对所选通量数据运用三倍标准差法剔除异常值,对于缺失时间短(<2 h)的数据采用线性内插法进行插补,对于缺失时间较长的数据采用日平均法对其进行插补。

6.2.2　甲烷通量变化特征

日尺度上,CH_4通量波动范围为 $-0.54 \sim 1.08$ $kgC \cdot hm^{-2} \cdot d^{-1}$,最小值出现在 2020 年 4 月 18 日,最大值出现在 2020 年 7 月 7 日(图 6.8),平均值为 0.18 $kgC \cdot hm^{-2} \cdot d^{-1}$,全年排放总量为 68 $kgC \cdot hm^{-2} \cdot d^{-1}$。$CH_4$通量主要集中在 7 月,且 7 月全月农田表现为 CH_4源,其余月份农田有源汇功能的转变。

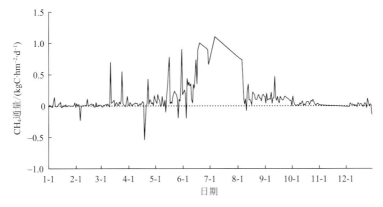

图 6.8　CH_4通量年内变化

月尺度上,2020 年寿县站 CH_4通量存在明显的季节变化特征(图 6.9),夏季 CH_4通量显著高于其余季节。CH_4通量曲线呈单峰型,在 7 月达到峰值,为 29.14 $kgC \cdot hm^{-2} \cdot mon^{-1}$,11 月达到谷值,为 0.08 $kgC \cdot hm^{-2} \cdot mon^{-1}$。除 7、8 月,其余月份 CH_4通量皆处于较低水平,但都表现为 CH_4源。

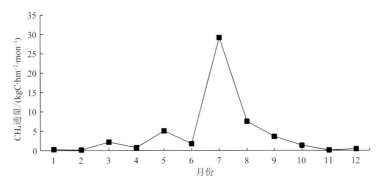

图 6.9　CH_4通量年内月变化

在日尺度上,CH_4通量变化特征多呈现为单峰模式,峰值均出现在午后,日间排放量高于夜间(图 6.10)。春季,峰值出现在 13:00,为 0.42 $\mu g \cdot m^{-2} \cdot s^{-1}$,谷值出现在 17:00,为 0.15 $\mu g \cdot m^{-2} \cdot s^{-1}$,平均值为 0.24 $\mu g \cdot m^{-2} \cdot s^{-1}$。夏季,峰值出现在 14:00,为 2.38 $\mu g \cdot m^{-2} \cdot s^{-1}$,谷值出现在 00:00,为 1.21 $\mu g \cdot m^{-2} \cdot s^{-1}$,平均值为 1.70 $\mu g \cdot m^{-2} \cdot s^{-1}$。秋季,峰值出现在 12:00,为 0.13 $\mu g \cdot m^{-2} \cdot s^{-1}$,谷值出现在 18:00,为 -0.07 $\mu g \cdot m^{-2} \cdot s^{-1}$,平均值为 0.04 $\mu g \cdot m^{-2} \cdot s^{-1}$。冬季,峰值出现在 12:00,为 0.15 $\mu g \cdot m^{-2} \cdot s^{-1}$,谷值出现在 20:00,为 -0.05 $\mu g \cdot m^{-2} \cdot s^{-1}$,平均值为 0.01 $\mu g \cdot m^{-2} \cdot s^{-1}$。

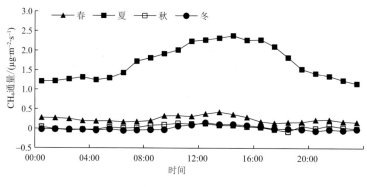

图 6.10　CH$_4$通量日变化

6.2.3　甲烷通量与气象因子相关性

各个气象因子对 CH$_4$ 通量的影响不同。在日尺度上,除风速与 CH$_4$ 通量没有显著的相关性外,其他气象因子与 CH$_4$ 通量均呈显著相关(通过 $\alpha=0.01$ 显著性检验),相关系数绝对值表现为气压(-0.597)>气温(0.523)>相对湿度(0.296)>降水量(0.233)>风速(-0.009)(表 6.3)。表明,气温、相对湿度、降水量的增加均会显著增加 CH$_4$ 通量,气压的增加会减少 CH$_4$ 通量。

表 6.3　CH$_4$通量与气象因子相关系数($n=366$)

	气压	气温	降水量	风速	相对湿度
CH$_4$	-0.597^{**}	0.523^{**}	0.233^{**}	-0.009	0.296^{**}
气压	1	-0.901^{**}	-0.224^{**}	-0.024	-0.164^{**}
气温		1	0.122^{*}	-0.042	0.042
降水量			1	0.153^{**}	0.312^{**}
风速				1	-0.057

注:$**$ 表示通过 $\alpha=0.01$ 显著性检验,$*$ 表示通过 $\alpha=0.05$ 显著性检验。

6.2.4　甲烷通量对作物生长的响应

在冬小麦生长季,CH$_4$ 通量与 LAI 变化趋势具有一致性,但在水稻生长季,CH$_4$ 通量与 LAI 并无相关性(图 6.11)。CH$_4$ 通量在 7 月达到峰值,LAI 并未达到峰值,此时正值水稻分蘖

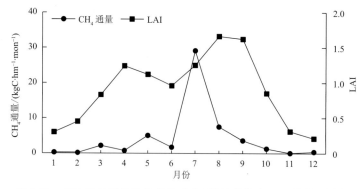

图 6.11　CH$_4$通量对作物生长的响应(纵轴单位中 mon 指月,余同)

期,作物生长旺盛,呼吸作用加强,通气组织发达,利于 CH_4 通过通气组织传向大气,同时,在水稻分蘖末期,微生物活动活跃,水稻根系老化死亡,根系分泌物为甲烷菌的活动提供了碳源。

6.3 流域生态系统二氧化碳通量模拟分析

6.3.1 计算方法

流域生态系统 CO_2 通量主要基于 BEPS 模型模拟得到,以净生态系统生产力(NEP)进行表征,NEP 代表生态系统的碳交换通量,可用来反映生态系统碳源汇强度,当 NEP 值为正时代表生态系统为碳汇,负值则代表碳源。计算方法为净初级生产力(NPP)中减去异养呼吸(土壤呼吸,R_s)所消耗的光合产物:

$$NEP = NPP - R_s \tag{6.1}$$

式中:NEP 为净生态系统生产力($gC \cdot m^{-2} \cdot a^{-1}$);NPP 为净初级产力($gC \cdot m^{-2} \cdot a^{-1}$);$R_s$ 为土壤呼吸($gC \cdot m^{-2} \cdot a^{-1}$),根据 Song 等(2014)对土壤呼吸的相关研究,采用气候与地理因子模型对淮河流域 1981—2019 年总土壤呼吸进行模拟:

$$R_s = 1.034T + 1.613LON + 0.011EL - 1.035LAT - 138.185 \tag{6.2}$$

式中:T 为年平均气温(℃);LON 为地理经度(°);LAT 为地理纬度(°);EL 为地理高程(m)。

模型输入的气象数据来源于国家气象中心整编的全国 2420 个气象站点的降水量、温度、日照时数、相对湿度等数据,太阳辐射由日照时数计算得到,对异常、与平均值相差大于三倍标准差的不合理数据进行过滤,插补后利用克里金法插值,并重采样至分辨率为 1 km。

叶面积指数(Leaf Area Index,LAI)是 BEPS 模型中计算蒸散的关键参数。资料来源于中国科学院地理科学与资源研究所刘荣高团队制作的 GLOBMAP LAI V3 产品。空间分辨率为 10 km,时间分辨率为 8 d,根据克里金法对该产品进行插值处理,得到空间分辨率为 1 km,时间分辨率为 8 d 的叶面积指数数据。

土地利用数据来源于资源环境科学与数据中心(http://www.resdc.cn/DataSearch.aspx)。土地利用数据产品是基于 Landsat TM/ETM/OLI 遥感影像,采用遥感信息提取方法,以及参照中国科学院土地利用/覆盖分类体系(LUCC 分类体系),经过波段选择及融合,图像几何校正及配准并对图像进行增强处理、拼接及裁剪,将全国地表覆盖类型主要分为耕地、林地、草地、水域、建设用地和未利用地 6 种一级类型和 25 个二级类型,将数据重采样至分辨率为 1 km,根据研究区域对数据进行掩膜处理(表 6.4)。

表 6.4 土地利用分类(一级和二级分类及编号)

一级分类及编号	二级分类及编号
1 耕地	11 水田,12 旱地
2 林地	21 有林地,22 灌林地,23 疏林地,24 其他林地
3 草地	31 高覆盖草地,32 中覆盖草地,33 低覆盖草地
4 水域	41 河渠,42 湖泊,43 水库坑塘,44 永久性冰川雪地,45 滩涂,46 滩地
5 建设用地	51 城镇用地,52 农村居民点,53 其他建设用地
6 未利用地	61 沙地,62 戈壁,63 盐碱地,64 沼泽地,65 裸土地,66 裸岩石质山地,67 其他未利用地(包括高寒荒漠、苔原等)

6.3.2 流域生态系统碳收支的年际变化

将淮河流域的碳源汇（NEP）逐年进行平均而得到图 6.12。由图可知，1981—2019 年淮河流域平均单位面积 NEP 为 715.8 gC·m^{-2}，整体表现为碳汇，最小值出现在 2000 年（670.4 gC·m^{-2}），最大值出现在 2015 年（972.3 gC·m^{-2}）。构建所得年份与 NEP 的线性方程为 $y=2.0196x+675.42$（$R^2=0.5053$），表明淮河流域 NEP 多年以来呈现明显的上升趋势，从 1981 年的 673.0 gC·m^{-2} 上升到 2019 年的 773.4 gC·m^{-2}，变化率为 2.0196 gC·m^{-2}·a^{-1}。

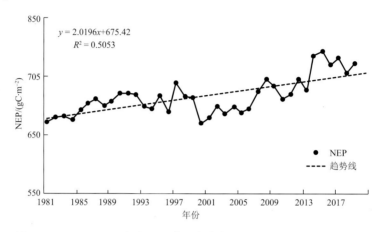

图 6.12　1981—2019 年淮河流域平均单位面积碳源汇（NEP）年际变化

6.3.3 不同年代碳通量空间分布

由图 6.13 可知，淮河流域 NEP 自 20 世纪 80 年代到 21 世纪 10 年代 4 个年代间呈现出先增加后减小再增加的变化趋势，NEP 区域大体分布为东南、西南较高，西北较低。20 世纪 80 年代，淮河流域东南部 NEP 普遍大于 900 gC·m^{-2}，西北部普遍小于 800 gC·m^{-2}。在 20 世纪 90 年代与 21 世纪 00 年代时，NEP 总量为 700～800 gC·m^{-2} 的区域有所减少，主要为 800～900 gC·m^{-2} 的区域，基本表现为由东南向西北扩展。在 21 世纪 10 年代，淮河流域的整体 NEP 总量大多集中在 800 gC·m^{-2} 以上；900 gC·m^{-2} 以上的区域在中部大面积出现。

6.3.4 年代际空间变化

将 2019 年淮河流域 NEP 减去 1981 年淮河流域 NEP 得到 2019 年 NEP 相对 1981 年的绝对差值，2019 年 NEP 相对 2001 年的绝对差值同理。如图 6.14 所示，淮河流域中部净生态系统生产力（NEP）上升明显，绝对差值几乎都大于 120 gC·m^{-2}。淮河流域东南部 NEP 上升不显著，甚至有下降。2001—2019 年西部的上升趋势比 1981—2019 年的上升趋势更加明显，说明 21 世纪以来淮河流域中部、西部 NEP 上升更明显，而北部 NEP 上升趋势主要是 21 世纪前的贡献。

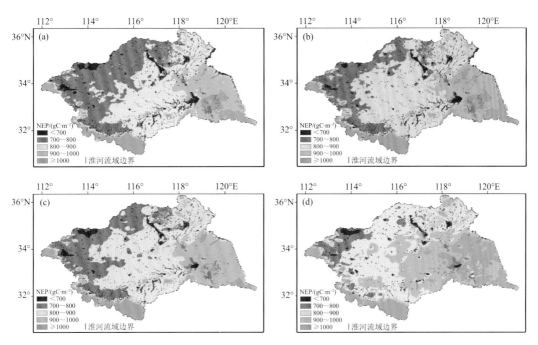

图 6.13　不同年代淮河流域平均单位面积 NEP 区域分布

(a)20 世纪 80 年代,(b)20 世纪 90 年代,(c)21 世纪 00 年代,(d)21 世纪 10 年代

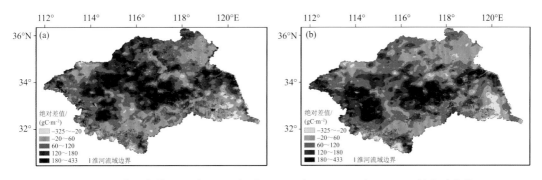

图 6.14　淮河流域 2019 年 NEP 相对于 1981 年(a)、2001 年(b)NEP 的绝对差值

6.4　流域生态系统甲烷通量模拟分析

6.4.1　计算方法

采用反硝化-分解模型(Denitrifcation-Decomposition,DNDC)对流域生态系统 CH_4 通量进行模拟。DNDC 模型包含两大模块,第一个模块由土壤环境、作物生长和分解子模块组成,该模块根据输入的生态驱动因子(气候、土壤、植被和人类活动等)数据,计算土壤温度、pH、土壤氧化还原电位(Eh)和土壤中基质浓度;第二个模块包含硝化反应、反硝化反应和发酵子模块,该模块根据环境因素预测 CH_4 等温室气体。

（1）点位模拟

DNDC可动态模拟点位尺度的农田土壤CH_4日值，模型需输入试验点的气象、土壤、田间管理及作物参数。本研究中DNDC模型点位模拟所需输入参数及选取的值如表6.5所示。

表6.5 DNDC点位模拟输入参数

	指标	值	
土壤参数	土壤有机碳含量(SOC)/(g·kg^{-1})	11.2	
	pH	7.8	
	质地	壤质黏土	
	容重/(g·cm^{-3})	1.38	
	黏粒含量/%	21	
	指标	水稻数值	冬小麦数值
作物参数	最大产量/(kg·hm^{-2})	10000	7000
	穗：茎：叶：根	0.45：0.25：0.24：0.06	0.46：0.26：0.24：0.04
	生长所需积温/(℃·d)	2800	1500
	需水量/(g·g^{-1})	508	200
	最佳生长温度/℃	25	20

注：需水量(g·g^{-1})表示每生产1 g干物质所需水量(g)。

（2）区域模拟

DNDC区域模拟由气象、土壤、田间管理和作物参数四部分数据驱动，为满足县级模拟需求，为研究区内各个县建立数据库，DNDC调用各个县的数据库对各个县的稻麦轮作依次进行模拟，未来情景的气候数据的处理和分配原则与站点数据保持一致（表6.6）。

表6.6 DNDC区域模拟数据库主要参数值

	参数		21世纪10年代参数值
作物参数	水稻	最大产量/(kg·hm^{-2})	10000
		穗：茎：叶：根	0.45：0.24：0.24：0.06
	冬小麦	最大产量/(kg·hm^{-2})	7000
		穗：茎：叶：根	0.46：0.26：0.24：0.04
田间管理	秸秆还田比例		0
	水稻＋冬小麦施氮量/(kgN·hm^{-2})		90＋90
	稻田水分管理		中期晒田，淹水深5 cm

作物参数是影响最终模拟效果的重要参数，模型所需作物参数包括：最大产量、根茎叶穗比例、根茎叶穗碳氮比、需水量、积温和最佳温度等（表6.7）。该部分参数主要选自前人田间试验结果（Zhang et al.，2019；Tian et al.，2018）和中国科学院资源环境科学研究中心（http://www.resdc.cn/Default.aspx）。

表6.7 研究区水稻冬小麦作物参数

作物	最大产量/积温/需水量
水稻	2200/2300/508
冬小麦	2600/1100/200

注：最大产量单位为kgC·hm^{-2}，积温单位为℃·d，需水量单位为g·g^{-1}。

DNDC 模型输入的气象数据来源于国家气象中心整编的全国 2420 个气象站点的降水量、温度、日照时数、相对湿度等数据,太阳辐射由日照时数计算得到,对异常、与平均值相差大于三倍标准差的不合理数据进行过滤,插补后利用克里金法插值,并重采样至分辨率为 1 km。根据研究区域对数据进行掩膜处理。未来两种气候情景(RCP4.5,RCP8.5)气象数据(2021—2049)选择 CMIP5 中北京气候中心模型数据库(Beijing Climate Center Climate System Model version1.1,BCC_CSM1.1),BCC_CSM1.1 数据分辨率为 $0.25° \times 0.25°$,未来情景的气候数据的处理和分配原则与站点数据保持一致。根据 38 个站点的经纬度,提取对应 BCC_CSM1.1 栅格数据中的气象要素日值(最高、最低气温,降水量)。RCP4.5,RCP8.5 分别表示到 2100 年辐射强迫水平达到 $4.5 W \cdot m^{-2}$ 和 $8.5 W \cdot m^{-2}$ 两种情景。历史年均大气 CO_2 浓度数据来源于美国国家海洋和大气管理局(https://www.esrl.noaa.gov/g md/ccgg/trends/gl_data.html),未来两种气候情景下年均 CO_2 浓度数据来源于波茨坦气候影响研究所(Potsdam Institute for Climate Impact Research,http://www.pik-potsdam.de/mmalte/rcps/)。

土壤数据选取 Harmonized World Soil Database version 1.1(HWSD),该数据库分辨率为 1 km×1 km,包含 DNDC 所需的所有表层(0~30 cm)土壤属性数据:SOC,pH,黏土含量,容重。

叶面积指数(LAI)资料来源于 0.08° 的 2020 年的由中国科学院地理科学与资源研究所刘荣高团队制作的 GLOBMAP LAI V3 的产品,该产品融合 MODIS LAI (2000—2020)。地理高程数据与土地利用数据来源于资源环境科学与数据中心(http://www.resdc.cn/Data-Search.aspx)。

6.4.2　站点甲烷通量模拟验证

通过 DNDC 模型对淮河流域寿县典型稻麦轮作农田系统 CH_4 通量的模型模拟,结果显示,从整个作物生长阶段排放总量来看,对寿县 CH_4 通量排放情况的模拟较好。模拟排放 2020 年 CH_4 通量总量为 91.25 kgC $\cdot$ hm^{-2},为实测的 1.34 倍。模型在一定程度上高估水稻生长季 CH_4 通量以及低估冬小麦生长季 CH_4 通量,实测发现本站点稻麦轮作田中冬小麦生长季为 CH_4 弱源,但模型模拟冬小麦生长季农田为 CH_4 通量弱汇,与实测农田系统排放情况相反。通过对试验田观测值与模拟值相比对,发现两者具有较好的一致性(图 6.15),这说明了模型一定程度上能够反映本地区稻麦轮作农田 CH_4 的产生与排放关键过程。对两者数据进行相关性分析,具有极显著正相关性,$R^2 = 0.91(n=12)$,这种高度相似性进一步验证了 DNDC 模型能够较好地模拟淮河流域稻麦轮作农田 CH_4 的排放和输送,具有较好可靠性。

6.4.3　区域甲烷通量变化特征

2000—2020 年淮河流域 CH_4 通量为 1383 kgC $\cdot$ hm^{-2},最小值出现在 2004 年(50.6 kgC $\cdot$ hm^{-2}),最大值出现在 2018 年(84.7 kgC $\cdot$ hm^{-2})。构建所得年份与 CH_4 通量的线性方程为 $y=0.3565x+61.973(R^2=0.0574)$,表明淮河流域 CH_4 通量多年以来呈现波动上升趋势,从 2000 年的 81.8 kgC $\cdot$ hm^{-2} 上升到 2020 年的 84.7 kgC $\cdot$ hm^{-2}(图 6.16)。

由图 6.17 可知,淮河流域 CH_4 通量自 21 世纪 00 年代到 21 世纪 10 年代两个年代间呈现出明显的增加趋势,CH_4 通量年总量区域大体分布为南高北低,东高西低。21 世纪 00 年代,淮河流域 CH_4 通量年总量大多集中在 50~70 kgC $\cdot$ hm^{-2};而 21 世纪 10 年代时 CH_4 通量年

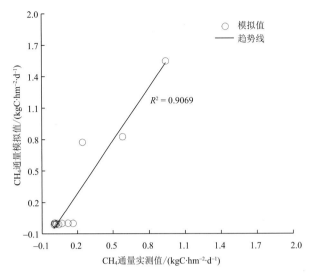

图 6.15　DNDC 模型站点验证

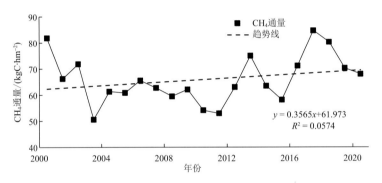

图 6.16　2000—2020 年淮河流域 CH₄ 通量年际变化

总量为 60～70 kgC·hm⁻² 的区域大幅度减少,70～80 kgC·hm⁻² 的区域大幅增加,南部地区继续保持高 CH₄ 通量年总量,CH₄ 通量年总量 80～90 kgC·hm⁻² 的面积略有增加。

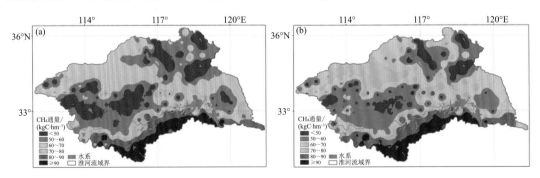

图 6.17　不同年代淮河流域 CH₄ 通量区域分布
(a)21 世纪 00 年代,(b)21 世纪 10 年代

相对于 21 世纪 00 年代,21 世纪 10 年代淮河流域大部分地区 CH₄ 通量呈现出明显的增

加趋势,CH$_4$通量变化率大体分布为北高南低,西高东低(图 6.18)。CH$_4$通量变化率大多集中在 0～0.1 kgC・hm^{-2}・a^{-1},南部分地区 CH$_4$通量减少,驻马店市和商丘市 CH$_4$通量明显增加,驻马店市部分地区 CH$_4$通量变化率超出 1 kgC・hm^{-2}・a^{-1}。

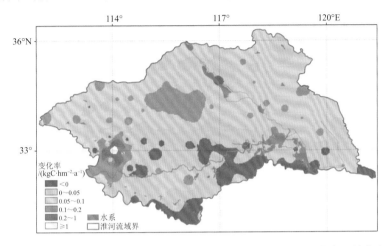

图 6.18　21 世纪 10 年代相对于 00 年代淮河流域 CH$_4$通量变化率区域分布

6.4.4　未来气候变化情景下淮河流域甲烷通量预估

RCP4.5 情景下,2021—2050 年淮河流域 CH$_4$通量为 1172 kgC・hm^{-2},最小值出现在 2030 年(48.6 kgC・hm^{-2}),最大值出现在 2047 年(78.7 kgC・hm^{-2})。构建所得年份与 CH$_4$通量的线性方程为 $y = 0.361x + 55.677$($R^2 = 0.1935$),表明淮河流域 CH$_4$通量多年以来呈现波动上升趋势,从 2021 年的 54.26 kgC・hm^{-2}上升到 2050 年的 63.24 kgC・hm^{-2}。

RCP8.5 情景下,2021—2050 年淮河流域 CH$_4$通量为 1945 kgC・hm^{-2},最小值出现在 2024 年(56.4 kgC・hm^{-2}),最大值出现在 2036 年(93.2 kgC・hm^{-2})。构建所得年份与 CH$_4$通量的线性方程为 $y = 0.1923x + 64.185$($R^2 = 0.0535$),表明淮河流域 CH$_4$通量多年以来呈现波动上升趋势,从 2021 年的 59.94 kgC・hm^{-2}上升到 2050 年的 66.12 kgC・hm^{-2}。

RCP4.5 情景下 2021—2050 年平均 CH$_4$排放量为 61 kgC・hm^{-2},RCP8.5 情景下排放量为 67 kgC・hm^{-2}。RCP4.5 和 RCP8.5 两种情景下的 CH$_4$排放均呈上升趋势,RCP8.5 情景下 CH$_4$排放量比 RCP4.5 情景高约 9.8%,年际间不同的气象条件造成了排放量的波动变化(图 6.19)。

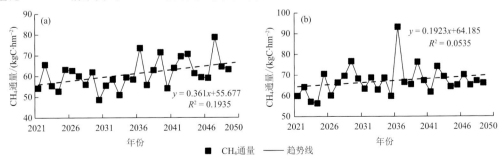

图 6.19　2021—2050 年不同气候变化情景下淮河流域 CH$_4$通量年际变化
(a)RCP4.5,(b)RCP8.5

由图 6.20 纵向来看,RCP4.5 情景下淮河流域 CH_4 通量自 21 世界 20 年代到 40 年代间呈现出增加趋势,CH_4 通量年总量区域大体分布为南高北低,东高西低。21 世纪 20 年代,淮河流域 CH_4 通量年总量大多集中在 <60 kgC·hm^{-2};21 世纪 30 年代,淮河流域 CH_4 通量与 21 世纪 20 年代分布基本相同;21 世纪 40 年代,淮河流域 CH_4 通量年总量为 $50\sim60$ kgC·hm^{-2} 的区域大幅增加,南部地区继续保持高 CH_4 通量。RCP8.5 情景下淮河流域 CH_4 通量自 21 世纪 20 年代到 40 年代同样呈现出增加趋势,CH_4 通量年总量区域大体分布为南高北低,东高西低。21 世纪 20 年代,淮河流域 CH_4 通量年总量大多集中在 <60 kgC·hm^{-2};21 世纪 30 年代,淮河流域 CH_4 通量年总量为 <50 kgC·hm^{-2} 的区域大幅度减少,$50\sim60$ kgC·hm^{-2} 以及 >90 kgC·hm^{-2} 的区域大幅增加,南部地区继续保持高 CH_4 通量年总量,CH_4 通量年总量 $80\sim90$ kgC·hm^{-2} 的面积略有增加;21 世纪 40 年代,淮河流域 CH_4 通量 >90 kgC·hm^{-2} 的区域面积较 21 世纪 20 年代略有增加,较 21 世纪 30 年代略有减少。

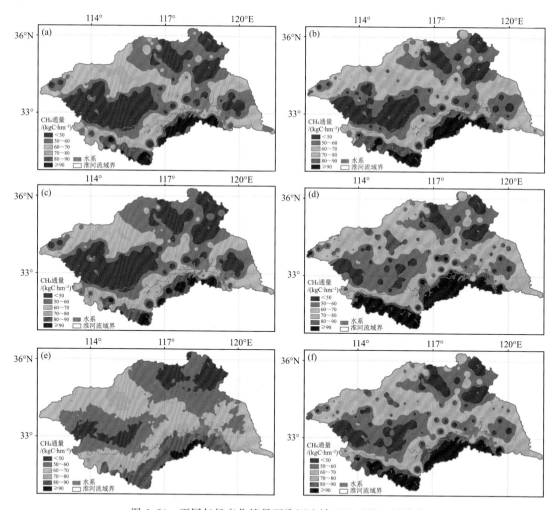

图 6.20　不同气候变化情景下淮河流域 CH_4 通量区域分布

(a)RCP4.5 21 世纪 20 年代,(b)RCP8.5 21 世纪 20 年代,(c)RCP4.5 21 世纪 30 年代,
(d)RCP8.5 21 世纪 30 年代,(e)RCP4.5 21 世纪 40 年代,(f)RCP8.5 21 世纪 40 年代

由图 6.20 横向来看,21 世纪 20 年代 RCP4.5 情景下淮河流域北部 CH₄ 通量年总量与
RCP8.5 相差不大,而中南部 CH₄ 通量年总量为<50 kgC·hm⁻² 的区域面积 RCP4.5 少于
RCP8.5,CH₄ 通量年总量为>90 kgC·hm⁻² 的区域面积 RCP4.5 大于 RCP8.5。21 世纪 30 年代
RCP4.5 情景下淮河流域 CH₄ 通量年总量为>90 kgC·hm⁻² 的区域面积明显小于 RCP8.5。21 世
纪 40 年代 RCP4.5 情景下淮河流域 CH₄ 通量年总量为 80~90 kgC·hm⁻² 以及>90 kgC·hm⁻² 的
区域面积略小于 RCP8.5。

由图 6.21 纵向来看,RCP4.5 情景下淮河流域 CH₄ 通量 21 世纪 20、30 年代较 21 世纪 10
年代大部分区域呈现出减少趋势,尤其是 21 世纪 30 年代,只有少部分区域 CH₄ 通量变化率
>0 kgC·hm⁻²·a⁻¹;21 世纪 40 年代 CH₄ 通量变化率>0 kgC·hm⁻²·a⁻¹ 区域多分布在淮
河流域中南部,小于 0 kgC·hm⁻²·a⁻¹ 区域多分布在淮河流域边界处。RCP8.5 情景下淮河
流域 CH₄ 通量 21 世纪 20 年代较 21 世纪 10 年代大部分区域 CH₄ 通量变化率处于−0.1~
0 kgC·hm⁻²·a⁻¹;21 世纪 30 年代相对于 21 世纪 10 年代 CH₄ 通量变化率大部分区域大于

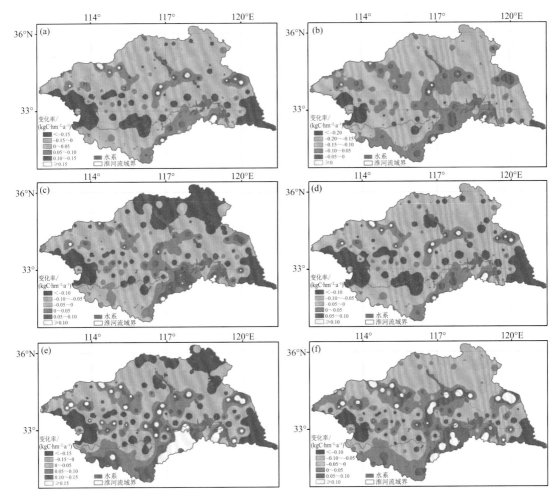

图 6.21　不同气候变化情景下淮河流域 CH₄ 通量变化率区域分布
RCP4.5 情景下 21 世纪 20 年代(a)、30 年代(b)、40 年代(c)相对于 10 年代变化率,
RCP8.5 情景下 21 世纪 20 年代(d)、30 年代(e)、40 年代(f)相对于 10 年代变化率

$0 \ kgC \cdot hm^{-2} \cdot a^{-1}$，尤其是 $0 \sim 0.1 \ kgC \cdot hm^{-2} \cdot a^{-1}$ 以及大于 $0.1 \ kgC \cdot hm^{-2} \cdot a^{-1}$ 区域面积较 21 世纪 20 年代有明显增加；21 世纪 40 年代相对于 21 世纪 10 年代 CH_4 通量变化率多集中于 $-0.05 \sim 0.05 \ kgC \cdot hm^{-2} \cdot a^{-1}$。

由图 6.21 横向来看，21 世纪 20 年代 RCP4.5 情景下淮河流域 CH_4 通量变化率低于 RCP8.5，主要表现为大于 $0.05 \ kgC \cdot hm^{-2} \cdot a^{-1}$ 区域面积 RCP4.5 少于 RCP8.5，CH_4 通量变化率为小于 $-0.1 \ kgC \cdot hm^{-2} \cdot a^{-1}$ 的区域面积 RCP4.5 大于 RCP8.5，21 世纪 30 年代显著低于 RCP8.5，RCP4.5 情景下淮河流域 CH_4 通量变化率基本表现为小于 $0 \ kgC \cdot hm^{-2} \cdot a^{-1}$，RCP8.5 情景下淮河流域 CH_4 通量变化率基本表现为大于 $0 \ kgC \cdot hm^{-2} \cdot a^{-1}$。21 世纪 40 年代 RCP4.5 情景下淮河流域 CH_4 通量变化率低于 RCP8.5，主要表现为 $0 \sim 0.05 \ kgC \cdot hm^{-2} \cdot a^{-1}$ 以及大于 $0.1 \ kgC \cdot hm^{-2} \cdot a^{-1}$ 的区域面积 RCP4.5 少于 RCP8.5，CH_4 通量变化率小于 $-0.1 \ kgC \cdot hm^{-2} \cdot a^{-1}$ 的区域面积 RCP4.5 大于 RCP8.5。

6.5　本章小结

（1）淮河流域典型稻麦农田生态系统表现为碳汇，为 CO_2 净吸收。CO_2 通量日变化呈现典型的 U 型曲线特征。白天为净 CO_2 吸收，夜间为净排放；农田生态系统碳通量具有明显季节变化。农田生态系统 CO_2 排放与吸收呈双峰型动态特征，与作物生育阶段有着密切关系。水稻生育期 CO_2 通量明显大于冬小麦生育期 CO_2 通量。

（2）淮河流域典型稻麦农田生态系统表现为 CH_4 排放源。CH_4 通量日变化为单峰模式，峰值均出现在午后，日间排放量高于夜间。CH_4 通量存在明显的季节特征，夏季 CH_4 通量显著高于其余季节。CH_4 通量曲线呈单峰型，在 7 月达到峰值。在日尺度上，除风速与 CH_4 通量没有显著的相关性外，其他气象要素与 CH_4 通量均呈显著相关，相关系数大小为气压＞气温＞相对湿度＞降水量＞风速。

（3）利用 BEPS 模型对淮河流域生态系统碳通量进行了模拟分析，流域整体表现为碳汇，区域大体分布为东南、西南较高，西北较低。近 40 a 来流域生态系统碳吸收能力总体呈上升趋势，以中部地区上升较为明显。

（4）利用 DNDC 模型对淮河流域生态系统 CH_4 通量进行了模拟分析。流域 CH_4 通量年总量区域大体分布为南高北低，东高西低。近 30 a 呈现波动上升趋势，变化率大体分布为北高南低，西高东低。未来气候变化情景下，流域生态系统 CH_4 通量有进一步上升趋势。

第7章
流域地表水热通量

7.1 典型稻麦农田生态系统感热、潜热通量多时间尺度变化

7.1.1 感热、潜热通量日变化特征

以寿县国家气候观象台的观测结果代表流域典型稻麦农田生态系统感热、潜热通量变化特征,站点观测系统以及数据处理情况已在 6.1 节中给出。

图 7.1 为热通量平均日变化,由图可见,热通量均具有明显的日变化规律,呈单峰型结构,日变化幅度大。

年平均上,感热通量(记为 H)夜间均为负值,白天均为正值,白天的 H 值远大于夜间的 H 值。H 值在清晨日出前后 07:30 开始由负值转为正值,由于日出后太阳辐射增大,温度上升,层结趋于不稳定,H 值迅速增大,直至 12:30,此时一般是一天中温度最高的时段,层结最不稳定,H 达到日变化的最大值,为 84.5 W·m^{-2},之后随着太阳辐射的减小,H 值迅速减小,直至日落后 17:00 开始转为负值,夜间层结稳定,H 值变化不大,绝对值很小。

潜热通量(记为 LE)均为正值,白天的值远大于夜间的值。由于日出后太阳辐射增大,温度上升,植物的蒸腾作用等水分的蒸发活动增强,LE 值从 07:00 开始迅速增大,直至 13:00 达到日变化的最大值,为 166.7 W·m^{-2},之后随着太阳辐射的减小,LE 值迅速减小,日落后层结趋于稳定,LE 值由 20:00 开始趋于平稳。

由感热通量的季节平均日变化可见,随着季节的不同,峰值出现的时间略有波动,春季、夏季和冬季日最大值均出现在 12:30,秋季日最大值出现在 12:00。春季峰值最大,达到 105.5 W·m^{-2},秋季其次,为 85 W·m^{-2},夏季最小,为 70.5 W·m^{-2}。另外,07:30—10:00 和 15:00—18:00 春、夏季感热值要大于秋、冬季。

四个季节平均日变化幅度分别为 118.5 W·m^{-2}、78.0 W·m^{-2}、92.5 W·m^{-2} 和 84.5 W·m^{-2},即春季>秋季>冬季>夏季。随着不同季节日照时间的不同,感热通量为正的时段也有所不同,由负值转为正值的时间分别为 07:30、07:00、08:00 和 09:00,而由正值转为负值的时间分别为 17:00、18:00、16:30 和 16:30,感热通量为正的时长分别为 10 h、11.5 h、9 h、8 h。可以看出,春季到夏季,感热通量为正的时间逐渐延长,夏季到冬季,则是感热通量为正的时间逐渐缩短。

由潜热通量的季平均日变化可见,各季潜热通量均为正值。随着季节的不同,峰值出现的时间略有波动,夏季峰值出现在 14:00,其余季节峰值均出现在 13:00;夏季峰值最大,为

$253\ \text{W} \cdot \text{m}^{-2}$;春季和秋季峰值其次,分别为 $225\ \text{W} \cdot \text{m}^{-2}$ 和 $145\ \text{W} \cdot \text{m}^{-2}$;冬季峰值最小,为 $60\ \text{W} \cdot \text{m}^{-2}$。春、夏、秋季由于降水较多,其 LE 值远大于冬季的。四个季节平均日变化幅度分别为 $220\ \text{W} \cdot \text{m}^{-2}$、$248\ \text{W} \cdot \text{m}^{-2}$、$141\ \text{W} \cdot \text{m}^{-2}$ 和 $58\ \text{W} \cdot \text{m}^{-2}$,即夏季>春季>秋季>冬季。潜热通量的较大值主要受到夏季降水的影响。

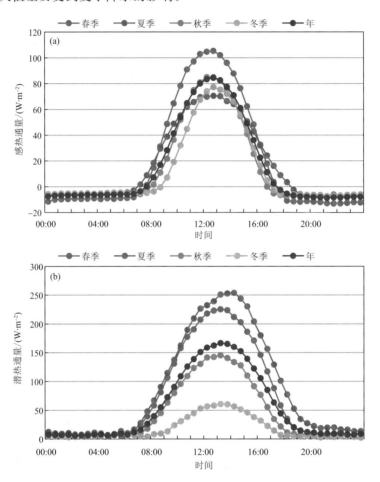

图 7.1 寿县国家气候观象台感热通量(a)和潜热通量(b)日变化

7.1.2 感热、潜热季节变化特征

由图 7.2 可见,感热通量从 1 月开始逐渐增加,6 月份达到最大值,其中 6 月 4 日达到峰值,为 $59\ \text{W} \cdot \text{m}^{-2}$,之后开始下降,8 月和 9 月多在 $10\ \text{W} \cdot \text{m}^{-2}$ 以下。10 月份有明显增加,10 月 8 日达到一年中次高峰,为 $33\ \text{W} \cdot \text{m}^{-2}$,之后又明显下降。6 月和 10 月感热通量出现峰值与相应时段的下垫面变化有直接联系,6 月和 10 月下垫面分别处于水稻收割到冬小麦分蘖期前和冬小麦收割后的裸地,裸地下垫面土壤较干燥,空气湿度小,H 均有十分明显的增大。

潜热通量 1—5 月快速地增大,在 5 月份初达峰值,5 月 4 日达 $132\ \text{W} \cdot \text{m}^{-2}$;之后 5—6 月有着明显的下降,6 月 9 日只有 $25\ \text{W} \cdot \text{m}^{-2}$;6 月 LE 突然下降与 H 的突然增加均与下垫面处于冬小麦收割后的裸地有关。7—8 月明显增加,8 月 1 日达到峰值,为 $151\ \text{W} \cdot \text{m}^{-2}$,之后又迅速下降。

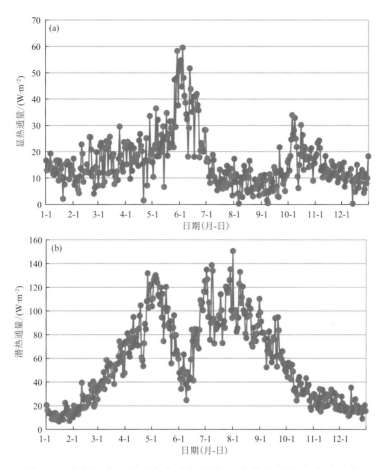

图 7.2 寿县国家气候观象台感热通量(a)和潜热通量(b)年内变化

7.1.3 鲍恩比变化特征

鲍恩比(记为 B),表征下垫面能量分配的参数。1926 年,Bowen 提出了鲍恩比的概念,即鲍恩比=感热通量/潜热通量,反映由于下垫面干湿状况而引起的热量分配的变化,鲍恩比=1表明感热通量与潜热通量相当,由鲍恩比可知热通量交换过程中感热通量和潜热通量各自的作用。

由图 7.3 可知,鲍恩比存在明显的日变化,呈现单峰型形态。由年平均日变化可知,07:30—17:00,鲍恩比<1,潜热通量占主导。鲍恩比在 11:30 达到日变化最大值,为 0.53。夜间感热通量为负值,所以鲍恩比也为负值。在 02:00 达到最小值,为-1.1,在昼夜交替时段(07:30 和17:00)的鲍恩比绝对值则最小,接近于 0。

由鲍恩比季节平均日变化可知,白天冬季的鲍恩比峰值明显大于其他季节,可达 1.3,是各季中最大的,表明冬季热通量交换过程以感热通量为主,这是由于冬季降水量最少,相对干燥,因此,由水汽蒸发和凝结而产生的潜热通量较少,以感热为主。其他季节鲍恩比<1,潜热通量占主导。春秋季鲍恩比峰值大于夏季,分别为 0.51 和 0.62,夏季峰值最小,为 0.35,这是由于夏季是淮河流域的汛期,降水最为集中,同时太阳辐射较强,使得夏季感热通量和潜热通

量均较强,鲍恩比为四季最小。

年平均鲍恩比为 0.43,表明潜热是寿县农田生态系统下垫面吸收能量的主要消费者。一年中,1 月、6 月和 11 月初鲍恩比大于 1,说明感热是下垫面吸收能量的主要消费者。前者主要是由于 1 月降水一年中最少,潜热通量也很小;后者主要是由于 6 月和 11 月初下垫面为裸地而引起。其余时间鲍恩比均小于 1,随气候状况的不同而波动变化,说明潜热是农田生态系统下垫面吸收能量的主要消费者。

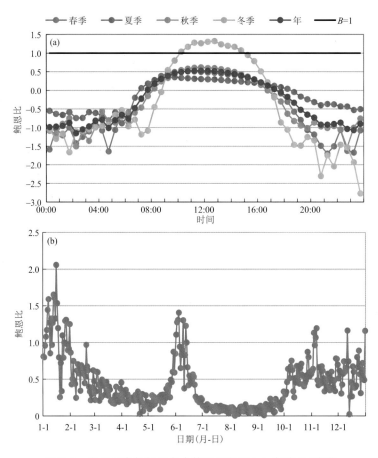

图 7.3　寿县国家气候观象台鲍恩比的日(a)、年内(b)变化

7.2　典型稻麦农田生态系统土壤热通量多时间尺度变化

7.2.1　土壤热通量的日变化特征

土壤热通量(记为 G)具有明显的日变化特征,呈单峰型形态,夜间为负值,变化不大,且绝对值明显小于白天,表明 G 由地表向深层传导较强,而从深层向大气传导则较弱;日出后 G 转为正值,逐渐增大,至午后达到最大值,之后逐渐减小,至傍晚转为负值。年平均上,08:30 以后由负转正,13:00 达到最大值,为 45 W·m^{-2},18:00 又由正转负(图 7.4)。

随季节不同,日照时间不同,正、负值转化的时间也有所差异,春、夏、秋、冬四季由负值转为正值的时间分别为 08:30,08:00,09:30 和 10:30,而由正值转为负值的时间春、夏、秋、冬四季分别为 19:00,18:00,17:00,17:30;夏季土壤热通量日变化峰值出现得最早,在 12:30,其次为春季和秋季,峰值出现在 13:00,冬季最晚,峰值出现在 14:00。春季土壤热通量的峰值最大,为 62 W·m^{-2},其次是夏季和秋季,分别为 57 W·m^{-2} 和 35 W·m^{-2},冬季峰值最小,为 27 W·m^{-2}。四季的季平均日变化幅度较大,分别为 78 W·m^{-2}、73 W·m^{-2}、55 W·m^{-2} 和 44 W·m^{-2},即春季>夏季>秋季>冬季。

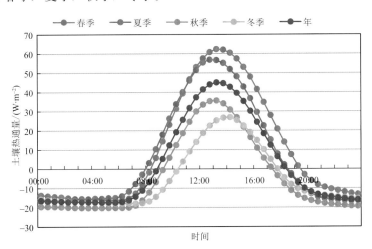

图 7.4　寿县国家气候观象台土壤热通量的日变化

7.2.2　土壤热通量的季节变化特征

土壤热通量年内分布呈现为明显的单波型分布。从 1 月逐渐增大,5 月达到最大,之后又逐渐减小,12 月达到最小。1 月、9—12 月土壤热通量为负值,2—8 月为正值。表明春、夏季 G 均正值,主要是由地表向土壤深层传导,地表温度较高;秋、冬季 G 均为负值,秋、冬季 G 主要是由土壤深层向大气传导,地表温度较低(图 7.5)。

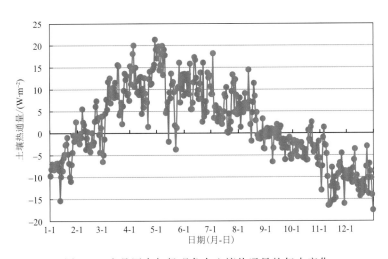

图 7.5　寿县国家气候观象台土壤热通量的年内变化

7.3 典型稻麦农田生态系统辐射通量多时间尺度变化

7.3.1 各个辐射分量和净辐射变化特征

太阳辐射是地球—大气系统中几乎一切自然过程的能量来源,而发生在近地层陆面—大气间的辐射过程,是陆气间物质与能量交换、传输的驱动力,对其有直接影响。由于受地理位置、气溶胶粒子分布、云状况和下垫面植被状况等因素的影响,太阳辐射在全球各地区的分布很不均匀,这会造成地表辐射收支、陆气能量交换的不同。因此,在陆气相互作用研究中,深入分析不同区域的地表辐射特征是十分必要的。

向下短波辐射(S),也称太阳总辐射或入射短波辐射,是地球上各种物理过程最基本、最主要的能量来源,是驱动陆气相互作用的原动力,是影响其他分量变化最基本的特征因子。到达地表的太阳总辐射除了与太阳活动、地理位置有关外,还与日照时数、太阳赤纬、气溶胶粒子分布以及天空云量等大气因素有关,与下垫面状况无关,具有很强的日变化和季节变化特征。

向上短波辐射(S_o),也称反射太阳辐射,到达地表的太阳总辐射并不能被完全地吸收,有一部分将被地表反射。反射太阳辐射既与地表状况密切相关,如下垫面的土壤性质、土壤湿度、植被类型、植被覆盖度等,也与观测期间的太阳高度角、天气状况等因素有关。

大气向下长波辐射(L),也称大气逆辐射,是大气辐射中指向地表的部分,与大气温度、天空云量状况以及大气湿度有关。

地面向上长波辐射(L_o),也称地表长波辐射,是地表按其本身的温度向外发射的长波辐射,受地表温度控制。

地表净辐射(R_n),也称辐射平衡,地表由于吸收太阳辐射、大气逆辐射,从而获得能量,同时又以其自身的温度,不断向外发射辐射,从而失去能量,其差值就是地表净辐射 R_n,可表示为:

$$R_n = (S - S_o) + (L - L_o) \tag{7.1}$$

式中,$R_{ns} = S - S_o$ 为净短波辐射,$R_{nl} = L - L_o$ 为净长波辐射。

地表净辐射是各辐射分量相互平衡的结果,是衡量地表最终通过辐射所获得的能量大小的重要参量,作为地表能量收支的一个重要组成部分,是驱动大气运动的主要能量来源,同时控制着地表与大气之间进行交换的通量的大小。R_n 为正值时表示,地表吸收的太阳辐射大于地表发出的辐射,太阳辐射起主导;R_n 为负值时则表示,地表发出的长波辐射大于大气向下的辐射,地表长波辐射起主导。

图 7.6 和图 7.7 为各辐射分量的总平均和季平均的日变化状况,由图可见,除大气向下长波辐射日变化幅度较小外,其他分量的日变化特征均十分明显,呈单峰型日变化特征,日间变化较大,且日变化曲线十分光滑,夜间变化不大,均维持在一个稳定值附近,而日变化的幅度、日极值等均有明显的季节变化特征。

由整个观测期总平均的日变化可见,向下短波辐射、向上短波辐射、净辐射均在 12:30 达到极值,位相一致,分别为 520.9 W·m^{-2}、77.8 W·m^{-2}、372.4 W·m^{-2};地面向上长波辐射滞后 1 h,在 13:30 达到日平均最大值,为 434.1 W·m^{-2};而大气向下长波射则在 14:30 达到最大值,为 364.9 W·m^{-2}。

向下短波辐射各季的日变化幅度最大,自日出开始,随着太阳高度角的增大而逐渐增大,至午后达到日平均最大值,之后逐渐减小,直至日落,夜间无太阳辐射,值为零,日间均为正值;春季峰值最大,夏季略低,冬季最小,夏、秋、冬季极大值均出现在 12:30,分别为 573 W·m^{-2},481 W·m^{-2},394 W·m^{-2},而春季极大值出现的时间早一些,在 12:00,为 620 W·m^{-2},四个季节平均日变化幅度为春季>夏季>秋季>冬季;春、夏日照强烈,其值明显大于秋、冬季,而春季除 09:00—14:30 大于夏季外,其余时刻均是小于夏季。

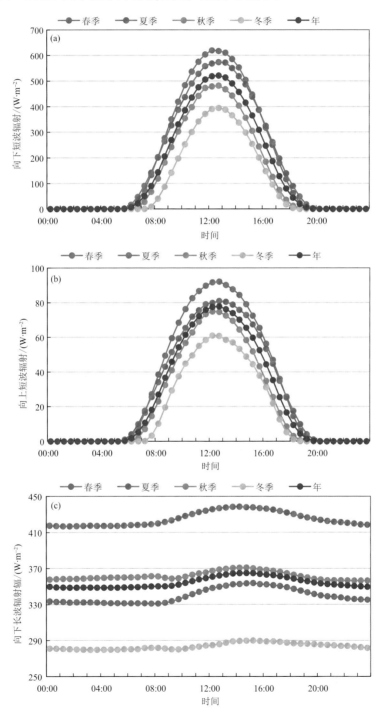

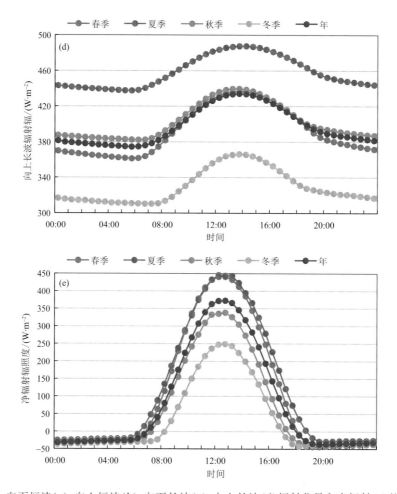

图 7.6　向下短波(a)、向上短波(b)、向下长波(c)、向上长波(d)辐射分量和净辐射(e)的日变化

向上短波辐射各季的日变化趋势与向下短波辐射一致,各季日平均极大值出现的时间基本一致,春、夏季出现在 12:30,秋、冬季出现在 12:00,但振幅远小于向下短波辐射,分别为 92 W·m^{-2}、80 W·m^{-2}、74 W·m^{-2}、61 W·m^{-2},春季峰值最大,夏季次之,冬季最小,四个季节平均日变化幅度为春季>夏季>秋季>冬季。

大气向下长波辐射各季的日变化幅度均很小,全天几乎保持不变,春、夏、秋、冬四季的季平均日变化幅度分别为 22 W·m^{-2}、21 W·m^{-2}、14 W·m^{-2}、10 W·m^{-2},春季>夏季>秋季>冬季。由于寿县处于半湿润地区,大气中水汽含量较大,因此,各季大气向下长波辐射值均较大,春、夏、秋、冬四季出现极大值的时间分别为 15:00、14:00、14:30、15:00,最大值分别为 353 W·m^{-2}、438 W·m^{-2}、370 W·m^{-2}、290 W·m^{-2},夏季峰值最大,秋季次之,冬季最小;夏季整体明显大于其他三季,秋季整体略大于春季,冬季最小。

地面向上长波辐射各季的日变化明显,相对于大气温度,地表温度日变化更剧烈,因此,地面向上长波辐射的日变化幅度要大于大气向下长波辐射,春、夏、秋、冬四季的季平均日变化幅度分别为75 W·m^{-2}、50 W·m^{-2}、57 W·m^{-2} 和 55 W·m^{-2},春季>秋季>夏季>冬季;春、秋、冬三季出现极大值的时间均为 13:30,最大值分别为 436 W·m^{-2}、439 W·m^{-2} 和

$366 \text{ W} \cdot \text{m}^{-2}$,夏季极大值出现在 14:00,最大值为 $487 \text{ W} \cdot \text{m}^{-2}$,夏季峰值最大,春、秋季次之,冬季最小;夏季整体大于其他三季,冬季最小,春、秋两季日间较为接近,而夜间秋季一直大于春季。

地表净辐射的日变化明显,夜间为负值,日出转为正值,逐渐增大,午后达到最大值,之后逐渐减小,至傍晚转为负值,白天地表吸收的太阳辐射大于地表发出的辐射,R_n 为正值,太阳辐射起主导;夜间无太阳辐射,地表发出的长波辐射大于大气向下的辐射,R_n 为负值,地面向上长波辐射起主导;春、夏、秋、冬四季 R_n 由负值转为正值的时间分别为 07:00、06:30、07:30 和

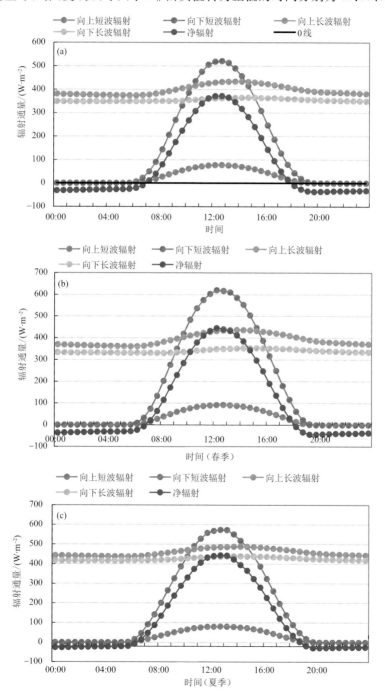

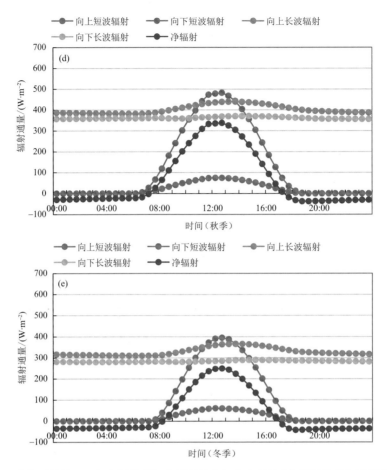

图 7.7 年和四季向下短波(a)、向上短波(b)、向下长波(c)、向上长波(d)辐射分量和净辐射(e)的日变化

08:30,大约是在日出后一小时,而由正值转为负值的时间分别为 17:30、18:30、17:00 和 16:40,大约是在日落前一小时左右;夏、秋、冬季净辐射的日变化最大值出现在 12:30,最大值分别为443 W·m^{-2}、338 W·m^{-2} 和 249 W·m^{-2},春季最大值出现在 12:00,最大值为 446 W·m^{-2},春季峰值最大,夏季次之,冬季最小,夜间四季 R_n 值相差不大;四季 R_n 的季平均日变化幅度分别为 489 W·m^{-2}、472 W·m^{-2}、375 W·m^{-2} 和 291 W·m^{-2},春季>夏季>秋季>冬季。

整个观测期辐射通量各分量年内的逐日变化(图 7.8)表明:各个辐射值呈现单峰型的年变化特征,各分量均有显著的年变化特征,变化幅度各不相同。

就整个观测期总平均而言,地表向上长波辐射总平均值最大,为 395 W·m^{-2},大气向下长波辐射次之,为 351 W·m^{-2},向下短波辐射为 148 W·m^{-2},净辐射为 79 W·m^{-2},向上短波辐射最小,为 23 W·m^{-2};且各辐射分量均为正值,而净辐射均为正值,表明太阳总辐射是辐射平衡的主要贡献项。

太阳辐射 1—5 月急剧增大,5 月达到最大,为 213 W·m^{-2},6—12 月太阳辐射又急剧减小,变率很大,相对而言,在夏、冬两季则变化相对平缓;由于水汽和云的影响,向下短波辐射的年变化最大值未出现在盛夏,而出现在 5 月,在盛夏反而略有下降,而大气向下长波辐射在盛夏由于空气湿度的增加而有所增大,7 月达到极值,大气向下长波辐射和地面向上长波辐射的位相比其他辐射分量稍滞后。

向上短波辐射 1—5 月上升,6—7 月明显下降并稳定在 $20\sim30$ W·m^{-2},8 月以后迅速下降。第一个峰值出现在 4 月,第二月峰值出现在 8 月。6—7 月的突然下降可能是由于向上短波辐射与下垫面植被状况及土壤湿度有关,而 6—7 月是寿县降水最为集中的时期。

大气向下长波辐射和地面向上长波辐射年内变化最为相似,呈现为明显的单峰型分布,1 月最小,分别为 274 W·m^{-2} 和 320 W·m^{-2},7 月最大,分别为 434 W·m^{-2} 和 463 W·m^{-2}。

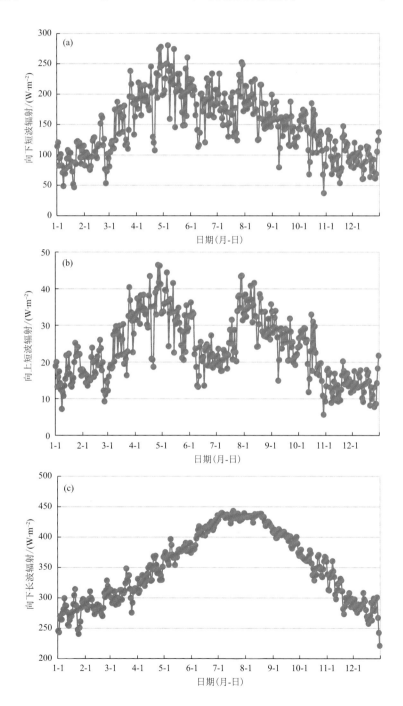

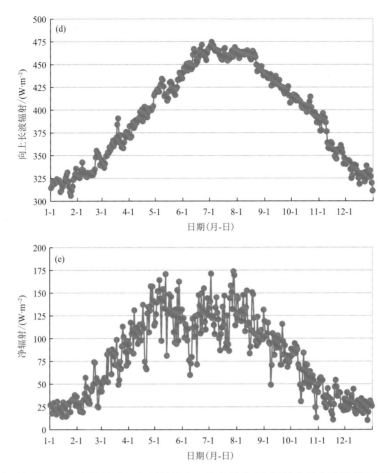

图 7.8　向下短波(a)、向上短波(b)、向下长波(c)、向上长波(d)辐射分量和净辐射(e)的年内变化

净辐射 1—5 月快速增加,6 月有所下降,7 月后迅速减小。1 月最小,为 25 W·m^{-2},5 月最大,为 131 W·m^{-2},7 月次之,为 125 W·m^{-2}。

7.3.2　地表反照率变化特征

地表反照率为地表反射的太阳辐射与到达地表的太阳总辐射之比,反映了地表对太阳辐射的反射能力,下垫面反照率计算公式为:向上短波辐射/向下短波辐射,由于夜间向下短波辐射为 0,故计算反照率时,剔除所有夜间数据。

影响地表反照率的因素主要有,下垫面的状况(土壤性质、粗糙度、植被覆盖、干湿状况等)、太阳高度角以及天气状况等。

地表反照率决定地表与大气间的辐射能量分配,是影响地表能量收支的重要参数,也是衡量地表热力性质的重要参数之一,其变化会对陆气相互作用过程产生明显的影响,同时地表反照率也是模拟预测中十分重要的参数。通过观测试验,对寿县农田生态系统地表反照率变化特征进行研究,对于该地区陆气相互作用过程描述的改进,以及模式中对于其定量描述的改进和校验都有重要意义。

如图 7.9 所示,地表反照率有明显的日变化特征,呈 U 型形态。四季地表反照率日变化均是平滑的抛物线形状,即具有明显的 U 型形态特征,表现出早晚大、中午小的特点,地表反照率随太阳高度角的增加而减小,而且当早晚太阳高度角较小时,反照率随太阳高度角变化明显;当高度角上升到一定程度以后,反照率随太阳高度角的变化就不明显了。对整个观测期而言,地表反照率的大值均出现在太阳高度角较低的日出和日落时分,随着太阳高度角的增大,地表反照率减小,并趋于稳定。整个白天地表反照率变化不大,中午达到最小值,而夜间由于无太阳总辐射,无值。地表反照率春、夏、秋季平均日变化与总平均日变化规律一致,而在湿度和温度均较小的冬季,白天反照率最大。日最大值出现的时间则随季节不同而变化。

就整个观测期而言,寿县平均反照率为 0.16。地表反照率呈单谷型的年变化特征,6 月达到全年最小值,1 月达到全年最高值。从季节变化来看,冬季反照率最大,其次是秋季,再次是春季,夏季反照率最小。地表反照率的季节变化主要由下垫面性质所决定,总体来说,有植被覆盖下垫面的地表反照率要小于裸露地表下垫面的地表反照率,反照率与地表湿度成反比。6 月反照率最低与 6 月属于多雨期及其水稻移栽时大田灌溉有关。1 月反照率最高与寒冬气温低、下垫面容易结冰或为雪地有关。11 月 16 日反照率的异常偏大,主要受 2009 年降雪天气的影响,2009 年地表反照率达到 0.66,导致多年平均达到 0.23。

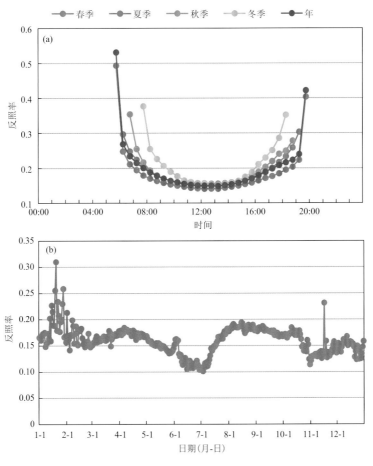

图 7.9　反照率的日(a)、年内(b)变化

7.3.3 光合有效辐射变化特征

光合有效辐射(Photosynthetically Active Rediation,PAR)是太阳辐射能中可以被绿色植物用来进行光合作用的能量,波长在 400～700 nm。PAR、气温、相对湿度、CO_2 浓度等是影响植物光合作用的几个主要环境因子,PAR 与植物的光合速率有着显著的相关关系,是植物生长所需的基本能量,也是影响陆地和海洋初级生产力的一个重要因子。入射到植物叶面上的PAR,约有 95% 被吸收,并转化为潜热和感热释放。PAR 在气候学、农业生产及生物学研究上有很重要的意义。

光合有效辐射具有明显的日变化,与太阳总辐射的日变化基本一致,均表现为单峰型分布(图 7.10)。PAR 日变化与太阳高度角的变化紧密相关。整个观测期内,05:30—20:00 为正值,共约 15 个小时,PAR 峰值出现在 12:30,最大值达到 200 W·m^{-2},夜间没有太阳辐射,PAR 为 0。四季中,春、夏、秋、冬季 PAR 分别从 05:30、05:30、06:00、07:00 开始为正值,19:30、20:00、19:00、18:30 之后结束;正值长度分别达到 14.5、15、13.5、12 小时;四季峰值均出现在 12:30,最大值分别为 236 W·m^{-2}、233 W·m^{-2}、182 W·m^{-2}、144 W·m^{-2}。表明夏季 PAR 出现最早,结束最晚,时间最长,而冬季出现最晚,结束最早,时间最短;春季 PAR 峰值最大,冬季最小。

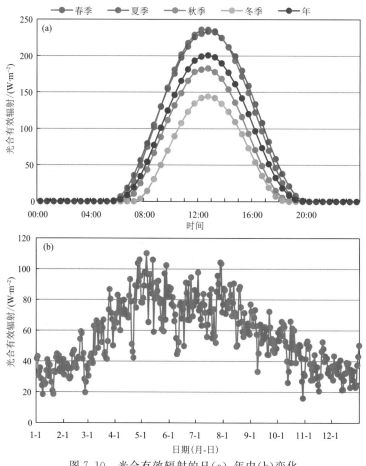

图 7.10 光合有效辐射的日(a)、年内(b)变化

农田下垫面光合有效辐射(PAR)平均为 57 W・m^{-2},PAR 值在 20~120 W・m^{-2}。四季中,春、夏、秋、冬季平均 PAR 分别为 72 W・m^{-2}、73 W・m^{-2}、47 W・m^{-2} 和 34 W・m^{-2},夏季最大,冬季最小。PAR 与太阳短波辐射年内变化趋势基本一致,1—5 月迅速上升,之后又迅速下降。PAR 最大值出现在 5 月份,而不是出现在夏季,是因为该地区夏季(6—8 月)正处于雨季,夏季的雨日要占到夏季总日数的 1/3,加之该地区夏季风速小、气压低,不利于空气污染物的扩散,大气浑浊度较高,且夏季天空云量较多;而在春季该地区天气晴朗、干燥、无降水,晴朗指数较高,且风速较大,以上因素均使得该地区夏季光合有效辐射比 5 月小。

6 月 PAR 变化曲线有较明显的下降,这是由于该地区 6 月冬小麦收割后由于焚烧秸秆产生大量烟尘,使得大气中存在大量的固体气溶胶粒子,而这些粒子对 PAR 都有不同程度的吸收和散射作用所致。由此可以看出,不同季节大气中的水汽含量不同、天气状况以及大气浑浊度等因子是造成 PAR 季节变化的主要原因。

光合有效辐射系数为光合有效辐射在太阳总辐射中所占的比例。PAR 值通常是用观测的下行太阳总辐射值来估计。在传统的方法中,如果测量辐射量的累积时间超过 30 min,PAR 通常视作下行太阳总辐射量的 50%,也就是光合有效辐射系数取 0.5。由这个近似关系,对太阳总辐射的气候学认识可以应用到 PAR 上。但是一些学者指出,将光合有效辐射系数视为常数,在估算 PAR 时会引入很大的系统误差。观测研究表明,光合有效辐射系数并不是一个常量,即使在晴空无云的条件下,该比值也不恒定。光合有效辐射系数的变化幅度和当地的天气气候有关,受天空云、大气气溶胶、大气中水汽含量等因素的影响。

从寿县整个观测期来看,光合有效辐射系数具有明显的日变化,表现为 U 型分布形态(图 7.11)。日出(05:00—08:00)和日落(17:00—20:00)超过 0.4,白天(08:00—17:00)均在 0.35~0.40,从早上到下午逐渐微弱增加。日出日落光合有效辐射系数要明显大于白天,这与太阳高度角的日变化有关,太阳高度角的变化改变了太阳光线的光学路径长度,引起空气分子、气溶胶粒子和水汽等散射和吸收物质量的变化,从而改变了太阳辐射中直接辐射和散射辐射的比例,其综合结果是随着太阳高度角增大,光合有效辐射系数减少,日出日落太阳高度角一天中最小,光合有效辐射也最大。四季中,光合有效辐射系数的日变化特征基本一致,但白天光合有效辐射系数大小明显不同,夏季最大,其次为春、秋季,冬季最小。

寿县光合有效辐射系数平均值为 0.38,明显小于传统认为的 0.5,基本在 0.33~0.43。年内分布上,虽有波动,但总体上表现为 1—7 月上升,8—12 月下降,光合有效辐射系数月值

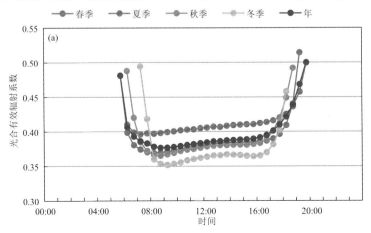

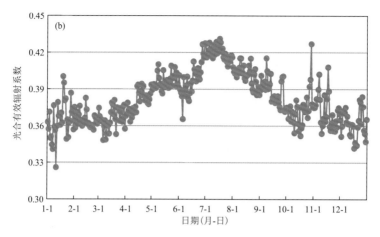

图 7.11　光合有效辐射系数的日(a)、年内(b)变化

最大出现在 7 月,为 0.42,最小出现在 1 月,为 0.3617。从季节上看,夏季最大,其次为春季,冬季最小,这与干湿季节有关。寿县夏季雨日多,云量多,大气中水汽含量相对丰富,水汽在红外波段有较强的吸收消光作用,其对太阳总辐射的削弱作用明显大于对 PAR 的衰减,光合有效辐射系数最大;冬季降水最少,大气水汽含量相对最少,减少了红外辐射的吸收,光合有效辐射系数最小。因此,光合有效辐射系数的大小是天文因子和气象因子综合作用的结果。

7.4 典型稻麦农田生态系统能量平衡分析

7.4.1 能量平衡概念

1988 年,Arya 对地表能量平衡的概念进行了系统地阐述,在理想的水平均一且无植被覆盖的下垫面,地表能量的各分量同处于一个界面之上,能量平衡方程为如下形式:
$$R_n = H + LE + G \qquad (7.2)$$
式中,R_n 为净辐射,H 为感热通量,LE 为潜热通量,G 为土壤热通量。本研究中 H 和 LE 由涡度相关系统测定的,R_n 由地表辐射系统测得,G 由土壤热通量板测得。

当下垫面为植被所覆盖时,能量平衡方程为:
$$R_n = H + LE + G + \Delta S \qquad (7.3)$$
式中,ΔS 为地表与植被冠层之间的能量存储以及植物光合作用的能量消耗(图 7.12)。

一般认为,下垫面仅为低矮植物,冠层高度低于 8 m 时,冠层热储量对能量平衡闭合度的影响可忽略不计。本研究下垫面为农田,作物高度较矮,生物量较低,因此,热存储通常很小,可以忽略不计,热存储 ΔS 近似为 0。

通常称湍流热通量之和($H + LE$)为湍流能量,净辐射与土壤热通量的差($R_n - G$)为有效能量。因此,根据能量守恒理论,能量收支应当是平衡的,即有效能量与湍流能量应当相平衡,也就是所谓的地表能量平衡。然而,许多野外试验都发现这两者之间并不完全平衡,测得的湍流能量一般小于有效能量,不闭合程度一般在 10%～30%,这种能量不平衡的现象是目前受到广泛关注的地表能量不闭合问题。

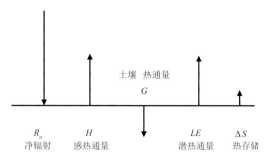

图 7.12　地表能量平衡各分量示意图

7.4.2　能量平衡变化特征

感热通量(H)、潜热通量(LE)、净辐射(R_n)和土壤热通量(G)是地表热量平衡方程 $R_n =$ $H + LE + G$ 的重要组成部分,分析它们的变化,可以了解净辐射在各能量间的分配情况,研究地表净辐射对于分析天气气候的变化有很重要的作用。

对年和不同季节同时刻的观测值平均得到能量平衡各分量(净辐射、感热、潜热以及土壤热通量)的平均日变化。由图 7.13 可见,年和不同季节 LE、H、R_n 和 G 均有较规则的日变化,

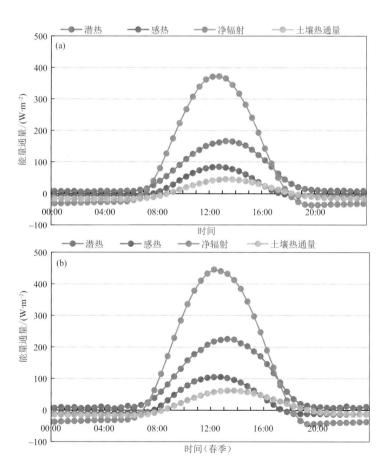

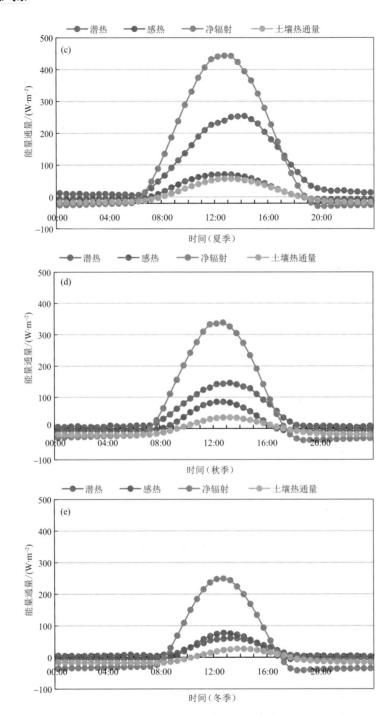

图 7.13   年(a)和四季(b—e)能量平衡各分量的日变化

各能量通量日变化在趋势上相似,均是日出后逐渐增大,中午达到日变化最大值,然后迅速减弱,白天值大,夜间值小。LE、H、R_n 和 G 白天为正值,LE 在夜间也为正值,H、R_n 和 G 夜间均为负值。R_n、H 和 G 在夏季白天为正值的时间最长,冬季为正值的时间最短。

年平均上,R_n、LE、H 与 G 日变化峰值分别为 372 W·m^{-2}、166 W·m^{-2}、84 W·m^{-2}、

$45\ \mathrm{W\cdot m^{-2}}$。$LE$ 均值和日变化幅度明显大于 H 和 G,净辐射主要用于地表向上的水汽输送。R_n 和 H 最大值出现时间在 12:30 左右,LE 和 G 最大值出现时间相对于 R_n 和 H 滞后 30 min 左右。春季,R_n、LE、H 与 G 整个季节平均日变化峰值分别为 $445\ \mathrm{W\cdot m^{-2}}$、$225\ \mathrm{W\cdot m^{-2}}$、$105\ \mathrm{W\cdot m^{-2}}$、$62\ \mathrm{W\cdot m^{-2}}$,$LE$ 和 H 日变化幅度要明显大于 G,LE 和 H 日变化幅度相近。夏季,R_n、LE、H 与 G 整个季节平均日变化峰值分别为 $443\ \mathrm{W\cdot m^{-2}}$、$253\ \mathrm{W\cdot m^{-2}}$、$70\ \mathrm{W\cdot m^{-2}}$、$56\ \mathrm{W\cdot m^{-2}}$,$LE$ 日变化幅度明显大于 H,H 与 G 日变化幅度相近。夏季净辐射能主要用于由地面向上的水汽输送。秋季,R_n、LE 和 G 日变化幅度有所下降,H 有所上升,H 整个季节平均日变化峰值为 $85\ \mathrm{W\cdot m^{-2}}$,$LE$ 日变化幅度大于 H。冬季,能量平衡各分量日变化幅度较其他季节都最小,R_n、LE、H 与 G 整个季节平均日变化峰值分别为 $249\ \mathrm{W\cdot m^{-2}}$、$60\ \mathrm{W\cdot m^{-2}}$、$77\ \mathrm{W\cdot m^{-2}}$ 和 $26\ \mathrm{W\cdot m^{-2}}$;$LE$、$H$、$G$ 日变化不明显,这很可能是由于冬季未考虑冻结、融解、升华、凝结等气象过程中所伴随的部分能量的转化对能量通量所造成的影响。

净辐射是能量交换的主要驱动力,各季白天均是最大的,潜热通量次之,春、夏、秋季潜热通量均要大于感热通量,冬季两者相差不大,土壤热通量各季均最小。夜间各季均是潜热通量最大,净辐射最小,感热通量大于土壤热通量。

另外,夜间由于无太阳辐射,净辐射为负值,变化不大,白天为正值;感热通量夜间为负值,大气向地表输送能量,白天为正值,地表向大气输送能量;潜热通量除个别时刻,各季均为正值,表明一直存在蒸发;土壤热通量夜间为负值,表明土壤释放能量,白天为正值,表明土壤吸收能量。

图 7.14 为能量平衡各分量月平均值的年内变化,由图可见,各分量均有明显的年变化特征,潜热通量除 1 月外均明显大于感热通量。感热和潜热通量远大于土壤热通量,表明寿县农田生态系统净辐射主要是以潜热和感热的形式加热大气,其中以潜热为主,消耗于土壤热通量的部分非常小。

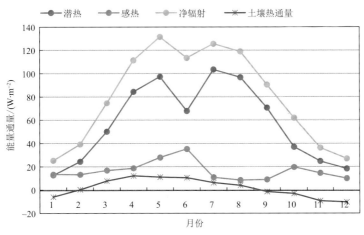

图 7.14 能量平衡各分量的月变化

1 月开始,随着净辐射逐渐增大,各分量也随之增大。潜热通量在 5 月达到峰值,6 月有所下降,7 月又达到高值,之后逐渐降低。这与净辐射的变化完全一致。1 月潜热通量值略小于感热通量,其他月份明显大于感热通量。这是由于寿县此时处于干季,降水较少,蒸发蒸散有限,潜热通量值较小。5 月和 7 月达到一个峰值,可能与冬小麦和水稻生长处于关键生育期,蒸散旺盛有直接的联系。6月突然下降,可能与冬小麦收割后下垫面为裸地有关。

感热通量1—6月逐渐增大,在6月达到最大峰值,之后有所下降,10月又出现小峰值,11—12月逐渐下降。这是由于6月和10月冬小麦或水稻收割和再播种的空档期,下垫面以裸地为主,容易向外释放热量。

1月、10—12月土壤热通量为负值,释放热量,由于此时处于冷季,气温较低,土壤温度相对较高,因此,土壤释放热量。土壤热通量1—4月逐渐增大,在4月达到峰值,较其他分量稍早,这是由于此时大气温度迅速升高,而土壤温度仍较低,因此,土壤吸收热量大。4月之后又逐渐降低。

7.4.3 能量平衡闭合特征

能量闭合率是评价湍流观测数据的经典方法。常见评价能量闭合状况的方法有一般最小二乘法、线性回归、能量平衡比率、能量平衡残余量和能量平衡相对残差频数分布等。为了能够对淮河流域农田生态系统的能量平衡闭合状况进行综合评价,利用能量残余量和能量平衡比率来研究淮河流域农田下垫面的地表能量平衡特征,分析能量闭合程度及其变化规律。

能量平衡残余量 Res 指有效能量(净辐射(R_n)和土壤热通量(G)之差)与由涡度相关仪器直接观测的潜热(LE)和感热(H)湍流通量的差值。图7.15a为能量平衡残余量的平均日变化,由图可看出,Res有明显的日变化特征,变化趋势与能量平衡各分量相似,呈单峰结构,白

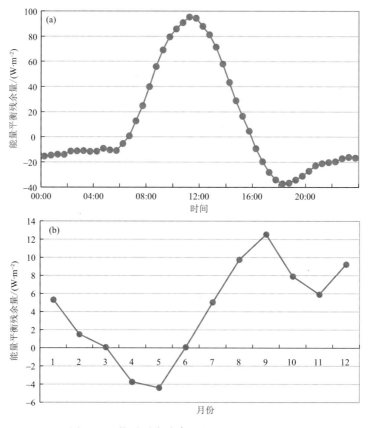

图 7.15 能量平衡残余量的日(a)、月(b)变化

天 06:30 开始由负值转为正值,到 11:00 达到日最大值,为 95 W·m^{-2},之后逐渐减小,至 15:30 开始转为负值,仍持续减小,至 18:00 达到日最小值,为 37 W·m^{-2}。白天能量平衡残余量大于夜间,白天有效能量大于湍流通量,而晚上则相反。若有效能量的测量是精确的,则反映出涡度相关法测量的湍流能量被低估。相反,夜间湍流能量大于有效能量,湍流能量被高估。残余量的存在表明有效能量和湍流通量是不相等的,能量平衡不闭合。

从图 7.15b 能量平衡残余量月变化来看,4 月和 5 月为负值,表明观测湍流通量大于有效能量;3 月和 6 月接近于 0;其他月份为正值,表明有效能量大于湍流通量。从四季来看,由小到大为:春季＜夏季＜冬季＜秋季。

能量平衡比率(EBR)也可用来评价能量平衡闭合程度,所谓的能量平衡比率是指由涡度相关仪器直接观测的潜热(LE)和感热(H)湍流通量与有效能量(净辐射(R_n)和土壤热通量(G)之差)的比值,能量平衡比率(EBR)公式如下:

$$EBR = \frac{\sum LE + H}{\sum R_n - G} \tag{7.4}$$

能量平衡比率具有明显日变化特征。白天与夜间能量平衡闭合程度存在很大的差别,白天能量平衡闭合程度明显高于夜间。从早晨(07:30)到下午(16:00)能量平衡闭合程度一直不断增大,在下午能量平衡闭合达到一天中最高的程度。因为在早晨和傍晚日出日落这段时间内有效能量接近 0,能量平衡闭合状况变化最为剧烈。夜间能量平衡比率较小,甚至接近 0(图7.16)。

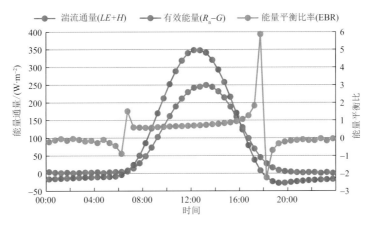

图 7.16　湍流通量、有效能量、能量平衡比率的日变化

湍流通量和有效能量年内变化较为一致,1—5 月为上升,6 月有所下降,7 月上升,8 月以后又有明显的下降(图 7.17)。

能量平衡闭合的理想状况是有效能量($R_n - G - \Delta S$)和湍流通量($LE + H$)线性回归的斜率为 1、截距为零,由于有效能量和湍流通量之间线性关系的截距不为零,即一般不会通过零点。有效能量和湍流通量关系为湍流通量 = 有效能量×0.9943 - 3.6819,相关系数达到 0.9以上。线性回归线基本均在 1:1 线以下,说明湍流通量要小于有效能量,并且能量通量越小的时候,两者越接近(图 7.18)。如果假设 R_n、G、ΔS 的测量准确的话,意味着涡度相关仪器直接观测的湍流能量有被低估趋势。

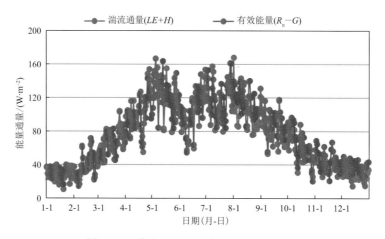

图 7.17　湍流通量和有效能量的季节变化

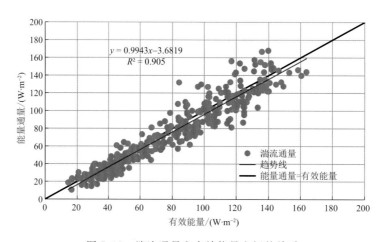

图 7.18　湍流通量和有效能量之间的关系

　　整个观测期间,能量平衡比率 EBR 平均为 94％,从能量平衡比率的月变化来看,3—6 月能量平衡比率超过 1,其中 5 月最大,达到 105％,其他月份能量平衡比率均小于 1,其中 2 月、7 月大于 95％,8 月、10 月和 11 月达到 90％及其以上,12 月最小,只有 76％。从四季来看,春季的能量平衡比率最大,为 103％,其次是夏季,为 96％,冬季能量平衡比率最差,为 86％(图 7.19)。春季能量平衡比率比夏、秋季高,可能是由于夏秋季地面植被生长旺盛,冠层热存储较大造成。冬季能量闭合程度最低,是因为冬季地面可能有积雪结冰,给有效能量的估算带来误差。因此,寿县农田生态系统能量平衡是不闭合的,但仍在大多数研究认为的 30％范围内。另外,春季存在能量过闭合的现象,说明湍流通量存在过高估计的可能。

　　近地层湍流观测中的能量平衡不闭合问题的出现,使得寻找能量平衡不闭合的原因逐渐成为一个热点。有不少研究者已经从不同的方面详细研究了影响能量平衡不闭合的原因,但是,同时也表明,即使把这些原因考虑进去,也很难达到能量平衡。不同学者对于地表能量不平衡的原因,从不同方面进行了大量详细的研究,对相关研究结果进行总结,造成地表能量不平衡的原因可归结为以下几个方面:

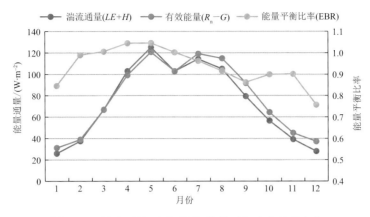

图 7.19　湍流通量、有效能量、能量平衡比率的月变化

（1）仪器测量误差

仪器测量误差包括技术性误差、仪器自身系统误差以及数据处理造成的误差三方面。

（2）不同观测仪器观测源区不同而造成的误差

能量平衡各分量观测的高度和时空尺度有差异，如辐射观测范围为圆形下表面，半径与安装高度有关，湍流通量观测范围则大致呈椭圆形，而土壤热通量观测是在地表以下，不同观测仪器观测的下垫面面积不匹配，如表 7.1 所示，这会给能量平衡闭合带来较大的误差。

表 7.1　能量平衡各分量的典型误差及其观测的高度和水平尺度

分量/（W·m⁻²）	误差/（W·m⁻²）	水平尺度/m	观测高度/m
净辐射	5～20	10	1～2
感热通量	5～20	100	2～10
潜热通量	5～20	100	2～10
土壤热通量	20～50	0.1	−0.02～0.1
储存量	20～50	0.1～1	−0.02～0.1

（3）忽略其他能量吸收项造成的误差

在能量平衡闭合公式中，假设能量在系统中被分成五个能量分量（H、LE、R_n、G、ΔS），这五个能量分量项即使都能被精确地测量，能量也不会完全闭合，这是因为在能量平衡系统中还存在着一些其他的能量吸收项。比如土壤热通量板上层未被测量的土壤的热储量，植物的光合耗能以及在冻结、融解、升华等某些特定的气象条件下的气象过程中伴随的能量转化。在本研究由于缺少对寿县通量站作物冠层储存量和其光合耗能以及土壤热通量板上层热储存量的观测与计算，在能量平衡公式中都未加以考虑，因此，可能会给有效能量的测算造成一定误差，从而造成能量的不闭合现象。

（4）垂直平流造成的误差

假定平流（包括 CO_2 平流）可以忽略，认为垂直平流可以通过坐标旋转使得垂直风速为零而被忽略，尤其是在夜间摩擦风速很小的时候（湍流强度很弱），并伴随着水汽和热量向低洼地方流动时，能量平衡闭合程度就会更差。一方面，由于地表面的水平异质性而造成的水汽的垂直移动和大尺度的局地环流使能量平衡闭合程度降低。另一方面，即使在较为平坦的地区，当大气处于很强的稳定程度时,局地也会在近地面引起夜间泄流和平流现象发生。

(5)高频与低频湍流通量损失造成的误差

高频和低频的通量损失:涡度相关法测量的平均通量是指在一定的响应时间内通过指定的采样频率对某种强度范围内的通量数据进行测定,这样湍流通量往往就会由于高通滤波(低频损失)的作用和低通滤波(高频损失)的作用被低测,从而造成了对湍流通量的低估,在实际测量中,超声风速仪和CO_2分析仪往往也会作为低通滤波的角色,对高频通量的损失目前没有一种标准的方法对频率的响应进行校正,不同校正方法得到的结果也不尽相同。

7.5 典型稻麦农田生态系统地表实际蒸散分析及其控制因子

7.5.1 计算方法

利用涡度相关技术测定站点的潜热通量(LE),并通过与汽化潜热的计算得到实际蒸散:

$$LE = \lambda \overline{w'q'} \tag{7.5}$$

$$ET = \frac{LE \times 86400}{\lambda \times 10^6} \tag{7.6}$$

式中:ET 为实际蒸散(mm·d^{-1});LE 为下垫面潜热通量(W·m^{-2});$\overline{w'q'}$ 表示为半小时垂直风速脉动值和水汽密度脉动值的协方差值;λ 为单位质量水的蒸发潜热(2.45 MJ·kg^{-1})。

利用通径分析来分析蒸散与各影响因子之间的关系,该方法是一种以多元线性回归方程为基础的分离分析方法,可以很好地阐明研究数据因果关系的数据结构。通过将因变量和多种自变量及其彼此的组合相关联,为每个存在因果关系的变量定义一组独立相关性,这些独立相关性中又互相存在影响,再通过互相之间存在影响的大小与因变量相关性进行分析。

7.5.2 地表实际蒸散变化

7.5.2.1 ET 总量变化

研究期间,安徽寿县国家气候观象台农田多年平均 ET 年总量为 740.3 mm,在 688.2 mm(2011 年)~767.2 mm(2017 年)波动。冬小麦生长季和水稻生长季的 ET 总量有明显差异(图 7.20)。总体来说,水稻生长季累积 ET 总量较多,多年平均为 387.3 mm,占 ET 年总量的 52.3%;冬小麦生长季 ET 总量多年平均为 301.6 mm,占 ET 年总量的 40.7%;休耕期多年平均 ET 总量为 51.4 mm,仅占 ET 年总量的 7.0%。

7.5.2.2 不同时间尺度冬小麦 ET 变化

图 7.21 显示了冬小麦 ET 的日尺度和日累积年际变化特征。由图 7.21a 可知,冬小麦生长季的多年日均 ET 为 1.40 mm·d^{-1},比该站多年日均 ET(2.02 mm·d^{-1})低 30.7%。日均 ET 在 2010—2012 年与 2017—2018 年较低,分别为 1.28 mm·d^{-1} 和 1.26 mm·d^{-1},在 2007—2009 年较高,分别为 1.59 mm·d^{-1} 和 1.52 mm·d^{-1}。从图 7.21b 的累积值年际变化可知,冬小麦生长季 ET 总量在 2017—2018 年较低,为 248.0 mm,在 2007—2008 年较高,为 346.3 mm。累积 ET(ET_{cum})曲线的斜率表现为先小后增大,表明在生育期前期冬小麦 ET 变化慢,随着 R_n 和 T_a 升高,植被生长迅速增加。

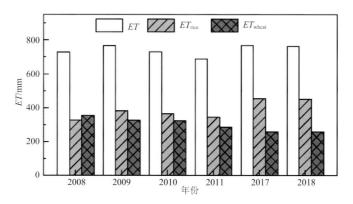

图 7.20 蒸散(ET)、冬小麦蒸散(ET_wheat)、水稻蒸散(ET_rice)年总量变化

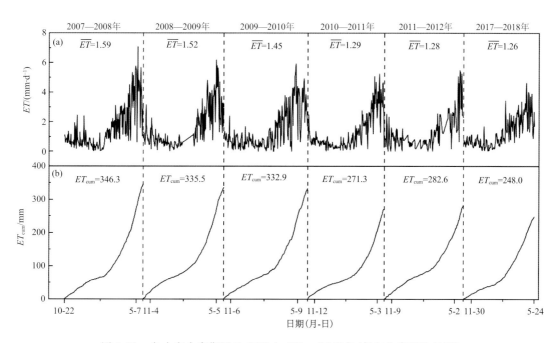

图 7.21 冬小麦全育期逐日 ET(a)、ET_cum(b)变化(仅包含完整生长季)

　　将冬小麦的生育期划分为出苗－三叶、分蘖、越冬、拔节、孕抽穗、开花和乳熟期(表 7.2)。在生长季内冬小麦 ET 总体表现为弱"双峰型",即从生育期前期(出苗－三叶)到中期(分蘖期)先稍微降低,随后迅速增高,最大峰值在生育期后期(开花期)(表 7.2 和图 7.21)。具体而言,冬小麦刚开始生长发育(每年 10 月底)时,此时 R_n 和 T_a 相对高,日均 ET 接近 $0.5\sim 1.5\ \text{mm}\cdot\text{d}^{-1}$;随着 R_n 和 T_a 逐渐下降,冬小麦进入分蘖－越冬期,处于分蘖期时日均 ET 最低($0.64\ \text{mm}\cdot\text{d}^{-1}$),越冬期冬小麦活动减弱,$ET$ 最低时仅为 $0.3\sim 0.5\ \text{mm}\cdot\text{d}^{-1}$;但越冬期持续时间较长(65 d),因此,越冬期 ET 总量仍占整个生育期的 17.6%。从 2 月开始,R_n 和 T_a 逐渐回暖,冬小麦返青,ET 也逐渐增加,到 5 月冬小麦 LAI 最高,此时冬小麦最为茂盛,ET 日均达到最大,普遍为 $5\sim 5.5\ \text{mm}\cdot\text{d}^{-1}$,最大值达到了 $7.1\ \text{mm}\cdot\text{d}^{-1}$,直到冬小麦进入乳熟期后,$ET$ 转而略微下降,但下降不明显,ET 仍保持较高水平。

表 7.2　冬小麦各生育期多年平均 LAI、ET、P 统计

冬小麦生育期	出苗—三叶	分蘖	越冬	拔节	孕抽穗	开花	乳熟
天数/d	22	40	**65**	21	17	19	16
LAI	0.44	0.47	0.50	0.93	1.25	**1.28**	1.13
ET 总量/mm	16.5	25.5	50.1	37.6	40.0	**64.1**	50.5
ET 日均值/(mm·d^{-1})	0.76	0.64	0.77	1.79	2.31	**3.32**	3.24

注:加粗字体表示同一行中的最大值,余同。

7.5.2.3　不同时间尺度水稻 ET 变化

图 7.22 显示了水稻 ET 的日尺度和日累积年际变化特征。由图可知,水稻生长季的多年日均 ET 为 3.23 mm·d^{-1},是冬小麦生长季 ET 日均值的 2.32 倍,可能是由于水稻种植期田间有水,土壤水分高,同时夏季 T_a 高、R_n 强,田间水分蒸发量大造成。日均 ET 在 2011 年最低(为 2.81 mm·d^{-1}),在 2017 年和 2018 年两年较高(分别为 3.63 mm·d^{-1} 和 3.50 mm·d^{-1})。从累计值年际变化可知,由于 2008 年水稻生长季短,ET_{cum} 在 2008 年最低,此外,2011 年较低,为 345.3 mm,在 2017 年和 2018 年两年显著较高(分别为 453.3 mm 和 450.9 mm)。

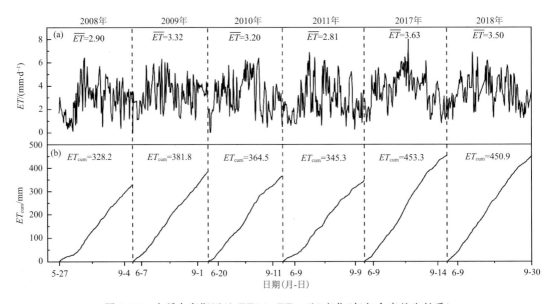

图 7.22　水稻全育期逐日 ET(a)、ET_{cum}(b)变化(仅包含完整生长季)

将水稻移栽后的生育期划分为分蘖、拔节、孕穗、抽穗和乳熟期,表 7.3 显示了研究期间水稻 ET 的生育期尺度变化情况,总体上,水稻在生长季内表现为明显的先增加后减少的"单峰"特征,这种变化特征与 R_n 变化一致,日均 ET 较大的年份也与 R_n 较大年份相对应。具体而言,水稻刚移栽到试验地时(每年 5 月底),苗小(LAI 低),ET 主要来自土壤蒸发;当 R_n 逐渐增强、T_a 升高,水稻的生长达到旺盛期(每年的 7 月下旬),日均 ET 也随之达到最大,最大达到了 8 mm·d^{-1};当水稻成熟后(每年的 9 月底),日均 ET 减少为 2~3 mm·d^{-1}。

由表 7.3 可知,由于水稻分蘖期持续时间长,水稻在分蘖期日均 ET 不是最大,但是总量最高,而孕穗期最短,导致 ET 总量最少;日均 ET 在拔节期最大,在乳熟期最少。水稻的 LAI

峰值与 ET 日峰值并不完全匹配,对比表 7.2 与表 7.3,可初步判定 LAI 对水稻 ET 的影响低于对冬小麦 ET 的影响。

表 7.3　水稻各生育期多年平均 LAI、ET、P 对比统计

水稻生育期	分蘗	拔节	孕穗	抽穗	乳熟
天数/d	**27**	16	10	18	20
LAI	1.54	2.44	**2.89**	2.68	1.79
ET 总量/mm	**101.4**	66.8	36.6	58.3	54.1
ET 日均值/(mm·d^{-1})	3.76	**4.26**	3.54	3.18	2.75

7.5.3　地表实际蒸散的控制因子

7.5.3.1　冬小麦生长季 ET 的控制因子

以冬小麦多年生长季内的逐日 ET 为因变量,以同步观测的因子包括 20 cm 土壤水含量（VSWC$_{20}$）、R_n、LAI、T_a、u 为拟自变量进行通径分析,VSWC$_{20}$ 在逐步回归的过程中被剔除,说明在所研究地区 VSWC$_{20}$ 对冬小麦 ET（ET_{wheat}）的影响可以忽略。

轮作期间 ET_{wheat} 与不同因子间的通径分析结果如图 7.23 与表 7.4 所示。由于各个因子的直接、间接作用,相关系数排序为 R_n>LAI>T_a>u。直接通径系数绝对值排序与相关系数相同,说明 R_n 对 ET_{wheat} 的直接作用最大,间接作用主要通过与 LAI 的相互作用产生影响。LAI 和 T_a 对 ET_{wheat} 的直接作用也表现为正,间接影响主要通过与 R_n 的相互作用产生。u 对 ET_{wheat} 的直接影响为负,且主要通过与 R_n 的相互作用对 ET_{wheat} 产生间接影响。

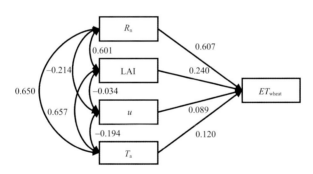

图 7.23　冬小麦生育期内蒸散变化通径分析图

表 7.4　冬小麦生长季蒸散变化影响因子的通径分析表

因子	相关系数	直接通径系数	间接通径系数之和	间接通径系数				决策系数
				R_n	LAI	T_a	u	
R_n	0.810	0.607	0.203	—	0.144	0.078	0.019	0.492
LAI	0.681	0.240	0.441	0.365	—	0.079	−0.003	0.163
T_a	0.655	0.120	0.535	0.395	0.158	—	−0.017	0.079
u	−0.072	0.089	−0.161	−0.130	−0.008	−0.023	—	−0.006

各因子中 R_n 的直接通径系数明显大于间接通径系数之和,说明 R_n 对 ET_{wheat} 的影响方式

主要是直接影响,而 T_a 和 LAI 在产生直接影响的同时,通过 R_n 路径产生的间接影响较明显。决策系数绝对值排序为 $R_n > \text{LAI} > T_a > u$,表明 R_n 对 ET_{wheat} 变化的综合决定能力最强,其次是 LAI,u 由于与其他因素的相互作用对 ET_{wheat} 产生的决策系数为负值,但数值接近 0,说明 u 对 ET_{wheat} 的影响很小,基本可以忽略。

7.5.3.2 水稻生长季 ET 的控制因子

以水稻多年生长季内的逐日 ET 为因变量,以同步观测的因子包括 VSWC_{20}、R_n、LAI、T_a、u 为拟自变量进行通径分析,u 在逐步回归的过程中被剔除,说明 u 对水稻 $ET(ET_{\text{rice}})$ 的影响可以忽略。

轮作期间 ET_{rice} 与不同因子间的通径分析结果如图 7.24 与表 7.5 所示。由于各个因子的直接、间接作用,相关系数排序为 $R_n > T_a > \text{VSWC}_{20} > \text{LAI}$。直接通径系数绝对值排序为 $R_n > \text{VSWC}_{20} > T_a > \text{LAI}$,说明 R_n 对 ET_{rice} 的直接作用最大,R_n 对 ET_{rice} 的间接作用主要通过与 T_a 的相互作用产生影响。T_a 对 ET_{rice} 的直接作用也为正,间接影响主要通过与 R_n 的相互作用产生。VSWC_{20} 与 LAI 的直接和间接都表现出对 ET_{rice} 的正促进,且直接影响与间接影响的程度相当,其中 VSWC_{20} 和 LAI 分别通过与 R_n 和 VSWC_{20} 的相互作用对 ET_{rice} 产生间接影响。

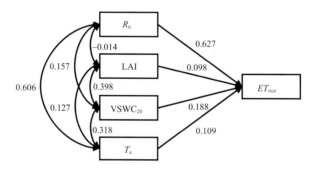

图 7.24 水稻生育期内蒸散变化通径分析图

与 ET_{wheat} 相同,R_n 的直接通径系数明显大于间接通径系数之和,说明 R_n 对 ET_{rice} 的影响方式主要是直接影响,而 T_a 主要表现为间接作用。决策系数绝对值排序为 $R_n > \text{VSWC}_{20} > T_a > \text{LAI}$,表明 R_n 对 ET_{rice} 变化的综合决定能力也最强,其次是 VSWC_{20},LAI 对 ET_{rice} 的影响较弱。

表 7.5 水稻生长季蒸散变化影响因子的通径分析表

因子	相关系数	直接通径系数	间接通径系数之和	间接通径系数				决策系数
				R_n	LAI	VSWC_{20}	T_a	
R_n	0.721	0.627	0.094	—	−0.001	0.030	0.066	0.452
LAI	0.178	0.098	0.080	−0.009	—	0.075	0.014	0.017
VSWC_{20}	0.360	0.188	0.172	0.098	0.039	—	0.035	0.068
T_a	0.561	0.109	0.452	0.380	0.012	0.060	—	0.061

7.5.4 降水对实际蒸散变化的影响

研究表明,年降水量可能是决定地表蒸散总量的主要因素。Song 等(2014)研究发现,在相对湿润的地区,降水偏多的年份内阴天增多,R_n 降低,从而使 ET 总量低于正常年份,但是本研究却发现,稻麦轮作农田在相对湿润年 ET 总量较高。比如,在相对湿润年(2017 年、2018年)降水及降水日数增多主要发生在冬小麦生长季,R_n 降低,冬小麦 ET 偏低,但是水稻生长季的降水及降水日数未明显增加,而 R_n 升高(17%),水稻 ET 明显增加,而导致 ET 年总量增加。可见,对于稻麦轮作田而言,降水对水稻和冬小麦生长季 ET 的影响不同,降水年内季节分配对稻麦轮作田 ET 总量的影响不能忽略。

前人研究表明,降水以非线性方式影响生态系统。本研究同样发现,降水对江淮农田 ET 也呈现非线性影响(图 7.25)。整体上,农田 ET 总量随着降水量总量的增加先增加,在降水量到达一定程度后,随降水量总量的增加而变慢甚至减小。比如,2017 年和 2018 年降水量偏高 13.4% 和 26.4%,ET 仅分别增加 3.6% 和 2.9%,但主要来自于水稻生长季的 ET 增加,而2011 年降水偏低 24.8% 时反而水稻和冬小麦生长季 ET 都减小,导致 ET 总量减少 7.0%。进一步研究发现,水稻和冬小麦生长季 ET 总量和降水量总量也呈现非线性关系,但是冬小麦 ET 对降水量的响应稍缓,说明冬小麦 ET 还受到其他环境要素的主要影响。

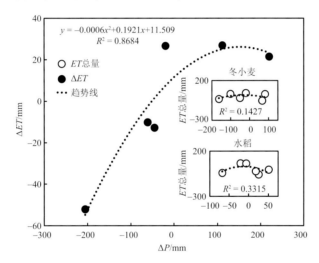

图 7.25 不同时间段内 ET 距平(ΔET)与降水距平(ΔP)对比图

7.5.5 冬小麦和水稻实际蒸散控制因子比较

生态系统类型之间的差异可能会影响生态系统 ET 对气象条件的响应。冬小麦和水稻在生理特征上存在巨大差异,可能影响其生长季 ET 对不同因子的响应。本研究利用通径分析影响 ET_{rice} 与 ET_{wheat} 的因子,得到 R_n 是两种作物 ET 的主导因子,与前人对不同地区农田蒸散的研究结论一致(张静 等,2016;阳伏林 等,2014),但两种作物 ET 对于 $VSWC_{20}$ 和 LAI 的响应却存在差异。

水稻与冬小麦的大部分根系都位于距地 20 cm 土壤内,故 $VSWC_{20}$ 与水稻、冬小麦的生长息息相关(陈信信 等,2017),但相关对比研究较少。研究发现,$VSWC_{20}$ 对 ET_{rice} 有促进作用,对 ET_{wheat} 的影响却不明显,可能是由于水稻喜高温多湿,$VSWC_{20}$ 能为其提供直接水源,同时水稻的生长季气温高,辐射足,$VSWC_{20}$ 的增加也能促进田间蒸发;而冬小麦生长在冬春季节,温度光照相对低,光合作用较弱,即使土壤含水量远大于冬小麦需水量,这部分水也难以利用

（方文松 等,2010),所以在土壤水分充足的情况下,水分条件对 ET_{wheat} 的影响微乎其微,这与张雪松等(2017)对冬小麦 ET 影响因子的研究结论一致。

LAI 指数表征了作物的茂密程度,在一定程度上对农田 ET 有影响,因此,将 LAI 作为影响因子进行分析。在对冬小麦与水稻的全育期 ET 变化影响因子分析中,LAI 的决策系数排序在水稻全育期为最低,在冬小麦全育期却排位第二,说明对于冬小麦和水稻而言,作物的茂密程度对 ET 变化的影响不尽相同,这主要是由于水稻与冬小麦的种植季节和特性不同。在夏季高温强光照条件下,水稻即便生长发育缓慢也需要蒸腾来保持体温,而在冬季冬小麦若减缓发育,蒸腾就会降低。今后对稻麦轮作田 ET 估算的模拟研究中应注意区分不同作物 LAI、$VSWC_{20}$ 对 ET 的影响,更加精确地模拟淮河流域稻麦轮作田蒸散,为研究气候变化背景下淮河流域作物用水、需水状况和水循环提供重要支撑。

7.6 典型稻麦农田生态系统水分利用效率分析及其控制因子

7.6.1 计算方法

通过得到的 GPP 与 ET,可以计算水分利用效率 WUE,也可以进一步计算得到潜在水分利用效率(UWUE),即:

$$\mathrm{WUE}=\frac{\mathrm{GPP}}{ET} \tag{7.7}$$

$$\mathrm{UWUE}=\frac{\mathrm{GPP}\times \mathrm{VPD}^{0.5}}{ET} \tag{7.8}$$

式中:WUE 为水分利用效率($\mathrm{gC\cdot kg^{-1}}$);UWUE 为潜在水分利用效率($\mathrm{gC\cdot kg^{-1}\cdot hPa^{0.5}}$);GPP 为一段时间累积总初级生产力($\mathrm{gC\cdot 时间^{-1}}$);$ET$ 为相同时间段累积蒸散($\mathrm{mm\cdot 时间^{-1}}$);VPD 为饱和水汽压差(hPa)。

7.6.2 水分利用效率日变化

稻麦轮作农田 WUE 日变化特征明显,水稻、冬小麦生长季平均 WUE 都在清晨达到最大值,日变化特征在傍晚后出现较大差异(图 7.26)。由于夜间 CO_2 的富集作用,清晨的空气中的 CO_2 浓度较高,光合速率显著提高,蒸散速率却由于辐射较低的原因还未显著提高,光合速率的增加率高于蒸散速率,导致 WUE 在清晨处于高值,这在水稻和冬小麦的生长季中均有出现,但清晨冬小麦 WUE 显著高于水稻。随着太阳辐射和气温的升高,VPD 逐渐升高,WUE 逐渐降低,冬小麦 WUE 的这个降低过程持续到 13:00,并在此时达到了低值,低值保持到 16:00,这是"光合午睡"引起的,即自然条件下长时间日照引起作物羧化能力下降的现象。WUE 在日落前有回升,这是由于冬、春季节傍晚气温明显降低,引起 VPD 明显降低,此时光合速率的下降小于蒸散速率的下降。对比发现,水稻 WUE 在 16:00 以后仍继续下降,没有出现冬小麦 WUE 的回升现象,这可能是由于夏季气温、辐射处于相对较高的水平,到了傍晚气温、VPD 的下降较辐射的下降滞后较明显,光合速率的下降速率由于辐射的降低而迅速降低,但蒸散速率下降较缓而引起。此前有学者研究发现,江西地区稻田 WUE 上午大于下午,日落后显著降低,与本研究水稻生长季内的 WUE 日变化特征类似,冬小麦 WUE"U"型日变化特征与前人对华北平原冬小麦农田生态系统的日变化特征研究相同。

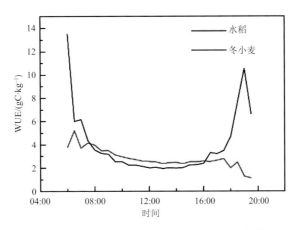

图 7.26 水稻、冬小麦种植期间 WUE 日变化特征

7.6.3 水分利用效率季节变化

由于实行稻麦轮作的种植制度,农田 GPP 在年内存在明显的双峰变化特征,主峰值位于水稻生长旺盛期(2017 年、2018 年 7 月和 2019 年 8 月),次峰值位于回春时冬小麦生长的旺盛期,GPP 的多年内月最大值处在 349.5~421.2 gC。研究表明,ET 主要受到辐射控制,高辐射下即便是裸地,ET 也较高,使其在 3 a 的实验期间皆表现为单峰型。6 月初水稻刚移栽时生长缓慢,GPP 处于低值,而农田 ET 受逐渐升高的气温和辐射控制而逐渐升高,故在冬小麦收获,水稻移栽时(5、6 月份),ET 没有出现类似 GPP 的低值情况,年内 ET 于 7、8 月达到高峰,其值在 128.9~139.5 mm。2019 年出现降水偏低的情况影响了作物的生长,水稻、冬小麦都有晚出苗的情况,故 2019 年 GPP、ET 峰值较 2017 年、2018 年稍有延后(图 7.27)。

淮河流域稻麦轮作农田生态系统多年平均 WUE 为 2.84 gC·kg^{-1},高于温带阔叶红松混交林、亚热带针叶林、亚热带常绿阔叶林等森林生态系统,其中 2019 年 WUE 达到了 3.23 gC·kg^{-1},与当年较低的 VPD 有很大关系。与 ET、GPP 变化不同,WUE 整体表现为冬高夏低,在每年的冬、春季(冬小麦种植期间)达到最大,在每年 5—6 月(冬小麦收获—水稻移栽时)出现最低值。对亚热带常绿阔叶林和温带草原 WUE 的研究表明,受到生长季影响,当地夏季 WUE 明显高于冬、春季,但在轮作农田生态系统有不同的特征表现,冬、夏两季都为生长季,其中夏季辐射足,气温高,水稻光合作用虽然有提高,但同时 VPD 也达到了全年的最高水平,土壤蒸发量受到影响,蒸散速率的上升程度更大,导致了 WUE 夏季较低,冬季则与夏季相反,故出现冬小麦种植期间(冬春季)WUE 高于水稻(夏季)的情况。植物气孔和小气候条件息息相关,有研究表明,GPP 受气孔影响的方式和 ET 类似,而稻麦轮作农田生态系统 WUE 明显的季节变化表明其 GPP 和 ET 受到小气候影响的方式可能存在季节差异。

UWUE 表示了生态系统的潜在水分利用效率,多年内处于 4.9~15.7gC·kg^{-1},其与 WUE 的变化基本保持一致。在水稻生长季 WUE 接近 UWUE 的 1/5,而冬小麦生长季则明显高于 UWUE 的 1/5,说明两种作物的 WUE 还有非常大的提升空间,水稻 WUE 不仅较低,还存在更大的提升空间,从其生长季的高 ET 来看,控制无效耗水可能是提高其 WUE 的重要举措。

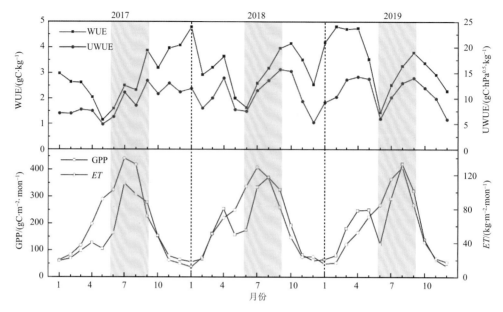

图 7.27　2017—2019 年稻麦轮作田 GPP、ET、WUE 和 UWUE 的季节变化特征(灰色部分为水稻生长季)

7.6.4　水分利用效率生育期变化

将水稻移栽后的生育期分为分蘖、拔节、孕穗、抽穗和乳熟期,冬小麦出苗后的生育期分为分蘖—越冬、拔节、孕抽穗、开花和乳熟期,表 7.6 显示了研究期间农田不同作物 WUE 的生育期尺度变化情况。

表 7.6　水稻、冬小麦各生育期 GPP、ET、WUE 统计

	参数	分蘖	拔节	孕穗	抽穗	乳熟	总数
水稻	天数/d	**86**	49	32	56	63	379
	$ET/(\text{mm} \cdot \text{d}^{-1})$	3.86	**4.37**	4.09	3.70	2.67	3.48
	$GPP/(\text{gC} \cdot \text{d}^{-1})$	9.07	11.43	**11.98**	11.55	10.14	9.13
	$WUE/(\text{gC} \cdot \text{kg}^{-1})$	2.35	2.62	2.93	3.12	**3.80**	2.62
	参数	分蘖—越冬	拔节	孕抽穗	开花	乳熟	总数
冬小麦	天数/d	**289**	60	48	63	50	645
	$ET/(\text{mm} \cdot \text{d}^{-1})$	0.71	1.44	1.82	2.47	**2.63**	1.22
	$GPP/(\text{gC} \cdot \text{d}^{-1})$	2.28	5.31	6.78	6.93	5.77	3.78
	$WUE/(\text{gC} \cdot \text{kg}^{-1})$	3.21	3.68	**3.73**	2.81	2.20	**3.11**

注:加粗字体表示同一行中的最大值,下同。

总的来说,水稻 WUE 为 2.62 gC·kg⁻¹,出苗后表现出不断增长的变化规律,而冬小麦 WUE 为 3.11 gC·kg⁻¹,表现为孕抽穗时最大(3.73 gC·kg⁻¹)的单峰特征。WUE 是由 ET 和 GPP 共同影响的,在水稻生长季中,ET 和 GPP 都分别呈现先增后减的单峰型特征(峰值分别位于拔节和孕穗期)。水稻从分蘖期到拔节期时,生长发育迅速,GPP 升高的程度较 ET 较高;拔节期到抽穗期 GPP 变化程度很小,此时的 ET 减小相对明显;到了乳熟期,气温开始迅

速下降,水稻的 ET 明显下降,但光合效率仍旧保持较高水平,ET 下降幅度大于 GPP,综合导致了 WUE 一直随着水稻的生长发育而升高。在冬小麦生长季中,整体 ET 和 GPP 都小于水稻,但 WUE 却大于水稻,从分蘖-越冬期到开花期,冬小麦生长发育逐渐旺盛,GPP 随之提高;而在开花期后,叶片开始衰老,GPP 开始下降,生长季期间气温的不断升高导致 ET 显著上升,GPP 和 ET 的变化协同导致了冬小麦 WUE 的单峰型变化。淮河流域冬小麦 ET 较大导致了其 WUE 小于华北平原冬小麦,而水稻 WUE 高于辽河三角洲地区水稻。

7.6.5 蒸散和生产力对水分利用效率的影响

研究发现,对整个稻麦轮作田而言,ET 是决定 WUE 变化的重要因素(通过 $\alpha=0.01$ 的显著性检验),而 GPP 对 WUE 的变化影响小,这与前人对草地和森林生态系统的研究不同,草地 WUE 与 GPP 关系更强,而森林 WUE 与 GPP、ET 均不相关,说明不同生态系统类型 ET、GPP 对 WUE 的影响不尽相同。另外,在不同的作物生长季,ET、GPP 对 WUE 的影响程度有所不同,在冬小麦生长季中 ET 是 WUE 的决定因素(通过 $\alpha=0.05$ 的显著性检验),GPP 的正效应不显著,而水稻生长季中 GPP 才是 WUE 的决定因素($\alpha=0.012$),ET 表现出不显著的负效应(图 7.28)。

对于稻麦轮作农田来说,如何合理控制农田蒸散是提高水分利用率的有效途径,而对于 WUE 提升空间更大的水稻来说,如何提高其光和能力是关键。

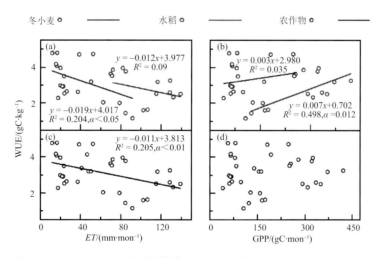

图 7.28　2017—2019 年稻麦轮作田月 WUE 与 ET(a)、GPP(b)的关系

7.6.6 气象要素对 ET、GPP 耦合关系的影响

有研究表明,森林生态系统气候变量的季节变化以近似相等的强度驱动光合作用和蒸散速率,但本研究的稻麦轮作农田有着明显的作物种植季节特征,因此,气象要素对光合作用和蒸散速率的影响在不同的种植季节可能有着不同的强度。

总的来说,在月尺度上 GPP 和 ET 总量与 $VSWC_{20}$、饱和水气压差(VPD)、气温(T_a)、光合有效辐射(PAR)都有着比较好的关系。其中 GPP 和 ET 对 $VSWC_{20}$ 和 T_a 的响应类似,月 GPP 和 ET 总量随着 $VSWC_{20}$、T_a 的增加而升高,都呈现出指数上升的趋势,在冬小麦生长季表现出较低的敏感性,而在水稻生长季 ET 和 GPP 随 VSWC$_{20}$ 和 T_a 的增加变化较大,说明水稻作为夏季水田作物,对土壤水分和气温的响应较大。

相比于 VSWC$_{20}$ 和 T_a 对 ET 和 GPP 的影响,VPD 和 PAR 对蒸散的影响不同于对光合速率的影响。在弱 PAR 下,GPP、ET 随着 PAR 的增加而明显升高,在较强的 PAR 下,由于水分充足,ET 持续增加,而 GPP 增加减缓,甚至不再增加,是由于在辐射强度比较小时,散射辐射在太阳辐射中所占比例增加,散射辐射能更有效地穿过叶片,使冠层之间的光分布更加均衡,故在较小范围内增加辐射,会更有效地促进光合作用,而在辐射强度较大时,大部分叶片会出现光饱和的情况。VPD 对 GPP、ET 产生的影响与 PAR 类似,ET 随 VPD 升高而增加,GPP 在高 VPD 条件下增加减缓,甚至会有所下降,这是由于高 VPD 下气孔导度降低而导致,而气孔导度降低对光合速率和蒸腾速率的影响程度不同,气孔导度与叶片蒸腾速率呈线性关系,但受气孔导度和内部传导的双重影响,气孔导度与光合速率的关系表现为抛物线(图 7.29)。

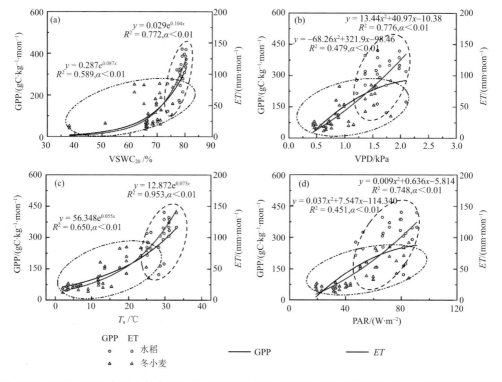

图 7.29　2017—2019 年稻麦轮作田月总 ET、GPP 与月 VSWC$_{20}$(a)、VPD(b)、T_a(c)、PAR(d)的关系

7.6.7　气象要素对水分利用效率的影响

从整个稻麦田来看,PAR、T_a、VPD 都表现出对 WUE 的显著负效应(通过 $\alpha=0.01$ 的显著性检验),其中 PAR 和 WUE 的变化分别可以解释 30.3% 和 28.1% 的 WUE 变化,其次为 T_a,虽然也存在负效应,但并未通过显著性检验(图 7.30)。

PAR 是光合作用的主要驱动因子,也是控制水分利用效率的重要气候变量之一,由于高 PAR 下 GPP 增速较 ET 显著偏低,稻麦田 WUE 与 PAR 呈非线性关系,其在水稻生长季对 WUE 的负效应程度高于冬小麦,也更加显著。同样的现象也出现在了 VPD 对 WUE 的影响上,这是由于水稻生长季 PAR、VPD 处于较高水平,而高 PAR、VPD 下 GPP 增长减缓,同时较低的空气湿度和水田的高土壤含水量有利于植物蒸腾和土壤蒸发,协同导致了 WUE 的下降。随着稻麦田 T_a 的升高,ET 显著升高,同时 T_a 的升高伴随 VPD 升高,GPP 也受到近似的影响,使 T_a 对 WUE 的影响趋近于线性影响,有研究表明(Christian et al.,2019),若气温继续升高到胁迫作物生长的情况,WUE 下降程度可能会明显增大。从整体来看,由于降水不作为农田的唯一水分来源,降水对农田 WUE 的负效应并不显著,尤其是在有灌溉的水稻种植期间。

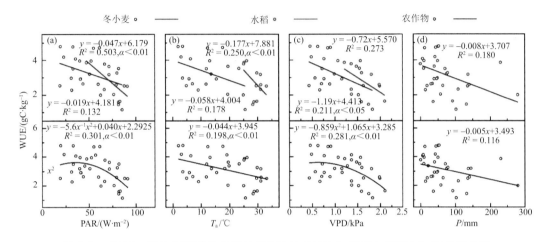

图 7.30　2017—2019 年稻麦轮作田月 WUE 与 PAR(a)、T_a(b)、VPD(c)、P(d)的关系

7.6.8　土壤水含量对水分利用效率的影响

由于农田有灌溉,仅通过降水量并不能很好地反馈农田真实的水分状况,土壤水分是植物获取水源的直接途径,同时水稻、冬小麦的根系多分布于 20 cm 内的土壤,故本次研究选用 $VSWC_{20}$ 作为代表土壤水分的参数。总的来说,在全年发现了 $VSWC_{20}$ 对 WUE 的非线性作用,在 $VSWC_{20}$ 处于较低水平时,水分条件通过对气孔的限制和影响作物羧化效率、光和电子传递速率等限制其光合作用,在农田 $VSWC_{20}$ 处于最适状态时,WUE 达到最高,而在较高的 $VSWC_{20}$ 条件下,不仅会直接导致农田土壤蒸发增加,更有可能产生对作物的生长胁迫,使 WUE 下降。

对比两种作物,发现在 $VSWC_{20}$ 较高的情况下冬小麦 WUE 表现出显著的下降趋势,而水稻作为水田作物,其对土壤水分的适应上限很高,导致其在 $VSWC_{20}$ 相对较高时 WUE 仅略微下降,但还未明显下降(图 7.31)。结果表明,不同作物 WUE 对水分条件的响应不尽相同,为了保证更好地利用水资源,还需因地制宜。

7.7　流域地表实际蒸散模拟分析

7.7.1　地表实际蒸散模拟验证

通过 BEPS 模型作为手段对淮河流域区域尺度 1981—2019 年的蒸散进行模拟(空间分辨率为 $0.01° \times 0.01°$),并基于实测数据、MODIS 数据及多种方法对模拟结果进行了参数调整及验证,在证明了 BEPS 模型在淮河流域地区的可靠性的前提下分析了淮河流域 ET 在不同时

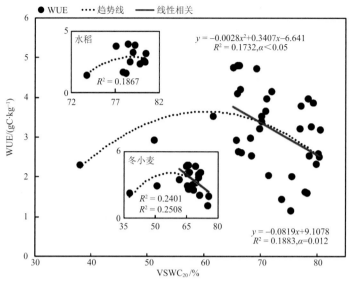

图 7.31 2017—2019 年稻麦轮作田月 WUE 与 $VSWC_{20}$ 的关系

空尺度的变化规律。

图 7.32 显示了目前各模型对于淮河流域 ET 的估算结果,总的来说,BEPS 模型与目前存在的模型结果一致性较高。通过对比,BEPS 模型得到的 2000—2014 年平均 ET 结果在区域分布上与 MODIS、WFDEI、GSWP3 结果一致,大致表现为东部与南部较高,西部与北部较低,在数值上,BEPS 模型与 MODIS 结果吻合,但模型的分辨率不同造成了某些格点存在差异,BEPS 模型在区域精细度上明显优于 WFDEI 与 GSWP3 模型。

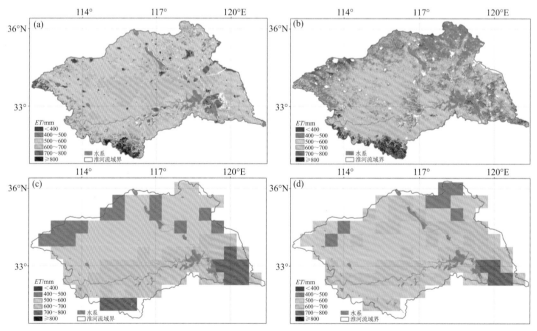

图 7.32 不同模型 2000—2014 年淮河流域蒸散(ET)分布
(a)BEPS,(b)MODIS,(c)WFDEI,(d)GSWP3

实测数据作为验证模型的最重要依据,通过与寿县涡度相关观测站实测数据的比较(图7.33),在 2008—2018 年间 BEPS 模拟的 ET 结果与实测结果吻合程度高,并能准确模拟高值区间和低值区间,同时实测数据与模拟数据构建的相关方程为 $y=0.8863x-1.5975$,R^2 高达0.81,接近 1∶1 线,证明了 BEPS 模型在模拟淮河流域 ET 时的准确性(图7.34)。

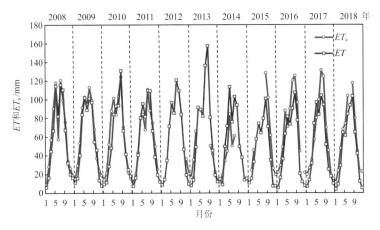

图 7.33　2008—2018 年 BEPS 模型(ET)与通量站结果(ET_a)对比

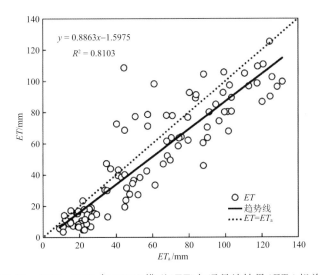

图 7.34　2017—2019 年 BEPS 模型(ET)与通量站结果(ET_a)相关性

表 7.7 显示了目前不同方法估算不同地区 ET 的研究结果与 BEPS 结果的对比,这些估算方法包含了不同的估算原理以及实测站点数据,方法包括各类水文模型、遥感观测、广义互补原理和涡度相关观测,地区大多分布在淮河流域内及周边地区。根据对比发现,BEPS 模型模拟的淮河流域 ET 与多种方法在淮河流域附近区域得到的 ET 结果范围有高度重合,仅有部分波动范围稍大。通过对比,可以进一步认为,在目前的参数方案中 BEPS 模型可以精确地对淮河流域 ET 进行模拟。

总的来说,在多种数据来源的验证支持下,可以认为 BEPS 模型具有良好的模拟淮河流域 ET 的能力。

表 7.7　不同方法估算蒸散（ET）的研究结果与 BEPS 结果对比

研究方法	研究地区	研究时段	研究指标	数值范围/mm	BEPS 模型结果/mm	参考文献
MIKE-SHE 模型	秦淮河流域	2000—2013 年	ET	800~850	800~900	郑箐舟等（2020）
MOD16	淮河流域	2000—2014 年	ET	500~700	500~700	郭晓彤等（2021）
多种遥感融合	淮河流域	2001—2010 年	ET	560~590	500~700	王林生等（2021）
水量平衡、广义互补原理	淮河流域	1961—2010 年	ET	610~720	500~700	赵宇铭（2019）
SEBAL 模型	江苏省南部	2004 年	ET	600~800	600~700	金楷仑等（2020）
涡度相关	淮南市	2008—2011 年 2017—2018 年	ET	688~770	600~800	翁升恒等（2020）

7.7.2　流域地表蒸散空间变化特征

1981—2019 年淮河流域 ET 年总量的空间分布如图 7.35a 所示，西南部山地地区 ET 最高，其次是中部农田地区。根据多年平均，淮河流域内 ET 大多处在 450~700 mm，其中 ET 为 550~600 mm 的区域占大多数。淮河流域 ET 高值大多位于中东部和南部，其中宿州市中部、宿迁市中部、徐州市中部、连云港市中部、六安市南部和淮安、扬州市交界处 ET 大于 600 mm。淮河流域 ET 低值位于郑州市中北部，徐州市中部，临沂市中部和淮安市中部，这些区域的 ET 不到 450 mm。1981—2019 年淮河流域 ET 多年变化率的空间分布如图 7.35b 所示。多年以来，淮河流域 ET 变化率小于 0 的区域分布零散，几乎可以忽略，所以可以认为在 1981—2019 年淮河流域全域 ET 均呈上升趋势，但上升的速率略有不同。淮河流域年 ET 总量 39 a 的变化特征明显但分布不均，大体为中西部较高，东北部较低，多年来 ET 变化率在 2~6 mm·a^{-1} 的地区占大多数，少部分区域（驻马店市南部、周口市北部、宿迁市中北部、六安市西南部）变化率大于 6 mm·a^{-1}。

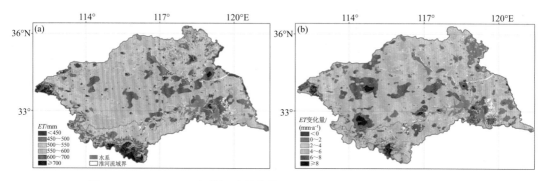

图 7.35　1981—2019 年淮河流域蒸散（ET）多年平均（a）和变化率（b）分布

由图 7.36 可知，淮河流域 20 世纪 80、90 年代，21 世纪 00、10 年代 ET 区域分布类似，中部较高，东北部较低，且在随着年代呈现出明显的上升趋势，这个趋势在 21 世纪 00、10 年代的对比中更加明显，这说明近些年人类活动与气候变化对区域 ET 产生了较大影响。20 世纪 80 年代，仅六安市南部、平顶山西部和连云港市中部地区 ET 达到 600 mm 以上，大部分地区 ET 低于 550 mm；到 20 世纪 90 年代，ET 小于 500 mm 的区域减少明显，ET 为 550~600 mm 的区域明显增多;到 21 世纪 00 年代,ET 为 600～700 mm 的地区大幅增多,淮河流域中部地区各市(淮北、淮南、蚌埠、宿州等)ET 均达到 600 mm 以上,甚至达到 700～800 mm,淮安市和扬州市部分地区 ET 更是上升到 800 mm 以上;到 21 世纪 10 年代,淮河流域 ET 大多大于 600 mm,ET 小于 550 mm 的地区减少明显,甚至消失,与 21 世纪 00 年代对比,ET 达到 700 mm 以上的区域明显增多,周口市、漯河市、平顶山市、六安市和宿州市的大块区域 ET 大于 800 mm。

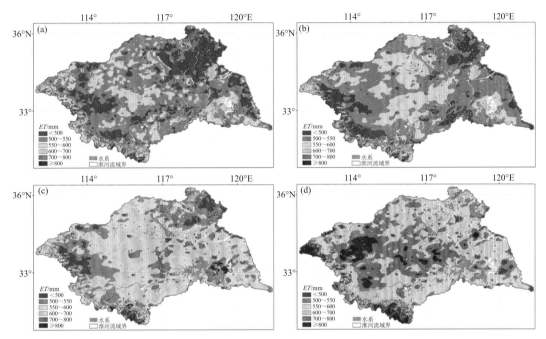

图 7.36　不同年代淮河流域蒸散(ET)多年平均分布
(a)20 世纪 80 年代,(b)20 世纪 90 年代,(c)21 世纪 00 年代,(d)21 世纪 10 年代

将淮河流域 ET 重心移动方向分解为经向和纬向两个方向,以探究 ET 重心的迁移过程。图 7.37 为 ET 空间重心分布经纬度的年际动态变化。由图 7.37a 所示,1981—2019 年 ET 重心纬度变化有着较强的年际波动,总体呈现下降趋势,且通过了 $\alpha=0.05$ 显著性检验,表明淮河流域 ET 重心具有较强烈地向低纬度地区移动的趋势;由图 7.37b 所示,1981—2019 年 ET 重心经度也呈现出下降趋势,但未通过 $\alpha=0.05$ 显著性检验,表明淮河流域 39 a ET 重心没有显著向东转移趋势,但是 2005 年以后经向重心明显向东转移。总体而言,淮河流域 ET 重心

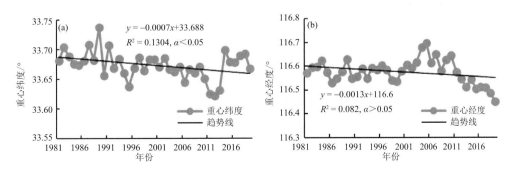

图 7.37　1981—2019 年淮河流域蒸散(ET)重心纬度(a)和经度(b)的年际变化

大致位于中部偏西南,且 39 a 淮河流域 ET 重心有着显著的南移趋势,东西向迁移不显著,但是近年来 ET 重心有着显著的南移东移趋势,间接说明淮河流域南部 ET 大小与增速明显大于北部。

7.7.3 流域地表蒸散时间变化特征

图 7.38 和表 7.8 分别显示了 1981—2019 年淮河流域全年和各季节 ET 的年际变化趋势。1981—2019 年淮河流域多年平均 ET 为 558.63 mm,其中夏季 ET 总量最大(多年平均为 265.81 mm),占年总量的 47.70%,其次是春季和秋季,分别为 154.08 mm 和 109.53 mm,占 27.57% 和 19.61%,最小为冬季(28.50 mm),占 5.11%。从四季来看,春季 ET 较低是由于当季植被才刚刚复苏,蒸腾作用较弱,且较低的气温限制了土壤水分的蒸发;夏季,随着气温的升高,土壤水分蒸发增强,同时作物进入生长旺季,需要靠强烈的蒸腾作用保持体温,ET 达到最大;秋季,作物逐渐成熟,活动逐渐减弱,蒸散下降;到了冬季,气温降低明显,几乎不存在土壤水分蒸发,且植被气孔开闭程度缩小明显,ET 出现最低值。

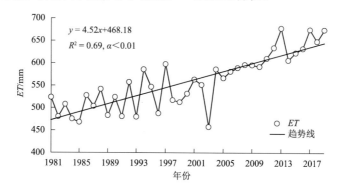

图 7.38 1981—2019 年淮河流域蒸散(ET)的年际变化

表 7.8 不同年代四季及全年蒸散(ET)年总量

ET	20 世纪 80 年代/mm	20 世纪 90 年代/mm	21 世纪 00 年代/mm	21 世纪 10 年代/mm	气候倾向率/(mm·(10 a)$^{-1}$)
春	138.66	143.10	155.93	177.16	9.62
夏	237.33	244.95	270.25	310.70	18.34
秋	99.35	111.04	108.15	118.57	4.81
冬	25.85	29.85	27.40	30.67	1.21
全年	501.18	528.94	561.72	637.10	33.98

1981—2019 年,淮河地区 ET 整体呈极显著上升趋势($\alpha<0.01$),且上升幅度较大,线性趋势变化率为 4.52 mm·a^{-1},从 1981 年的 523.43 mm 上升到了 2019 年的 673.86 mm。根据表 7.8,不同年代各季节的 ET 总量差异较大,且在不同季节均表现出不同程度的增加趋势,增长速率排序为夏季>春季>秋季>冬季,值分别为 18.34、9.62、4.81、1.21 mm·(10 a)$^{-1}$。分析表明,淮河流域 ET 年总量的增长主要来源于夏季 ET 的增加。

淮河流域各年代 ET 的年内变化如图 7.39 所示。淮河流域 8 月份的 ET 最大,占全年的比例最大(16.98%),其次为 7 月、6 月、5 月与 9 月,分别占比为 16.53%、14.43%、13.33%、

10.88%。各时段的 ET 年内变化规律基本一致,呈双峰变化趋势,随着年代的变化该地区各月 ET 均呈上升趋势,尤其 5—8 月上升尤为明显。

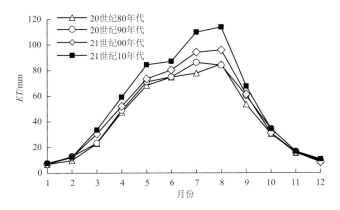

图 7.39　淮河流域各年代蒸散(ET)月际变化

7.8　流域生态系统水分利用效率模拟分析

7.8.1　水分利用效率模拟验证

表 7.9 显示了目前不同地区不同下垫面 WUE 的研究结果与 BEPS 结果的对比,这些地区大都分布在淮河流域及附近区域,对比发现,BEPS 模型模拟的淮河流域 WUE 与多种方法在淮河流域附近区域得到的 WUE 结果范围上几乎一致,通过对比,可以进一步认为,在目前的参数方案中 BEPS 模型可以较精确地对淮河流域 WUE 进行模拟。

表 7.9　不同地区估算水分利用效率(WUE)的研究结果与 BEPS 结果对比

研究下垫面	研究地区	研究时段	研究指标	数值范围	BEPS 模型结果	参考文献
混合农田	淮河流域	1995—2004 年	WUE	0.80~1.50	1.20~1.50	Ito 等(2012)
混合农田	淮河流域	2003—2012 年	WUE	1.50~1.70	1.40~1.60	仇宽彪等(2015)
混合农田	淮河流域	2003—2009 年	WUE	1.30~1.60	1.40~1.55	仇宽彪(2015)
混合农田	欧洲	1996—2004 年	WUE	0.96	1.26~1.50	Beer 等(2007)
常绿阔叶林	中国亚热带	2003—2005 年	WUE	1.88	1.60~2.00	Yu 等(2008)
混合农田	华北平原	1980—2015 年	WUE	1.20~1.80	1.23~1.73	Lu 等(2016)

7.8.2　流域水分利用效率空间变化特征

1981—2019 年淮河流域 WUE 年总量的空间分布如图 7.40a 所示,大致分布为东高西低、南高北低,其中西南部山地地区 WUE 明显高于其他地区,这和林地与农田的用水特征有关。根据多年平均,淮河流域内 WUE 大多处在 1.20~2.00 gC·kg^{-1},其中 WUE 为 1.40~1.60 gC·kg^{-1} 的区域占大多数。淮河流域 WUE 高值大多位于中东部和南部,其中连云港市、宿迁市、淮安市、盐城市、泰州市和扬州市大部 WUE 大于 1.6 gC·kg^{-1},六安市和信阳市

南部 WUE 大于 2.0 gC·kg⁻¹,说明这些区域下垫面农田对水分资源利用较好。淮河流域
WUE 低值位于郑州市中北部,平顶山市北部,临沂市中部和枣庄市,这些区域的 *ET* 不到
1.2 gC·kg⁻¹,对水资源的有效利用有待提高。1981—2019 年淮河流域 WUE 多年变化率的空
间分布如图 7.40b 所示,除东南、中南、西北和东北部外 WUE 变化率均大于 0,总体来看,淮河流
域 WUE 在区域内呈缓慢上升趋势,1981—2019 年淮河流域地区 WUE 上升的速率略有不同,中
部增加较快(>0.01 gC·kg⁻¹·a⁻¹),东部和西部增加较缓慢(<0.01 gC·kg⁻¹·a⁻¹),淮河流
域 WUE 变化率小于 0 的区域有泰州市、扬州市、郑州市东部、六安市南部和盐城市南部,其余
地块零星分布。多年来淮河流域 WUE 变化率在 0.00~0.01 gC·kg⁻¹·a⁻¹ 的地区占大多
数,少部分区域(商丘市东部、驻马店市南部、菏泽市南部、蚌埠市中北部、周口市北部和漯河市
西部)变化率大于 0.01 gC·kg⁻¹·a⁻¹。随着工农业科技的进步,淮河流域 WUE 缓慢上升,
说明该区域对水分的有效利用能力在逐渐提高。

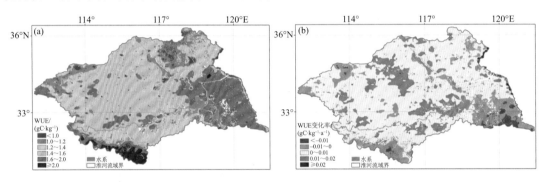

图 7.40 1981—2019 年淮河流域水分利用效率(WUE)多年平均(a)和变化率(b)分布

将各个年代的 *ET* 进行平均得到图 7.41。由图可知,淮河流域 20 世纪 80、90 年代,21 世
纪 00、10 年代 WUE 区域分布类似,中东部较高,西北和东北部较低,且随年代呈现出明显的
上升趋势,这个趋势在中西部地区 21 世纪 00 和 10 年代的对比中较为明显,说明目前人类工
农业发展能够较好地应对气候变化,在区域耗水升高的同时保证生产力以更快的速度在上升。
20 世纪 80 年代,仅淮河流域东部和南部地区 WUE 达到 1.6 gC·kg⁻¹ 以上,但仍有大部分地
区 WUE 低于 1.4 gC·kg⁻¹,甚至小于 1.0 gC·kg⁻¹;到 20 世纪 90 年代,区域分布与 20 世
纪 80 年代类似,但水分利用效率略有提高,但表现不明显;到 21 世纪 00 年代,*ET* 为 1.4~
1.6 gC·kg⁻¹ 的地区大幅增多,除了东部和南部地区,淮河流域中部地区各市(淮北市、淮南
市、蚌埠市、宿州市等)*ET* 均达到 1.4 gC·kg⁻¹ 以上,商丘市、周口市和阜阳市部分地区 *ET*
甚至上升到 1.6 gC·kgH₂O⁻¹ 以上;到 21 世纪 10 年代,淮河流域 *ET* 大多大于
1.6 gC·kg⁻¹,WUE 小于 1.0 gC·kg⁻¹ 的地区减少明显,甚至消失。对比 21 世纪 10 年代与
00 年代 WUE 分布发现,淮河流域中部 WUE 达到 1.6 gC·kg⁻¹ 以上的区域明显增多,说明
淮河流域中部地区用水效率在 21 世纪 00 年代和 10 年代有较大提升。

将四季的 WUE 分别进行平均得到图 7.42。淮河流域东部地区在四季均表现出较高的
WUE,而 WUE 较低的区域位于淮河流域的东北部和西北部。在春季,部分作物复苏,淮河流
域中西部和中东部 WUE 均达到 1.6 gC·kg⁻¹ 以上,而枣庄市、临沂市、日照市和郑州市 WUE 较
小,小于 1.0 gC·kg⁻¹;到了夏季,下垫面植被生长旺盛,在进行光合作用的同时需要较高的耗水量
以保持体温,故 WUE 没有显著升高或降低,大部分地区为 1.4~2.0 gC·kg⁻¹;秋季淮河流域南部

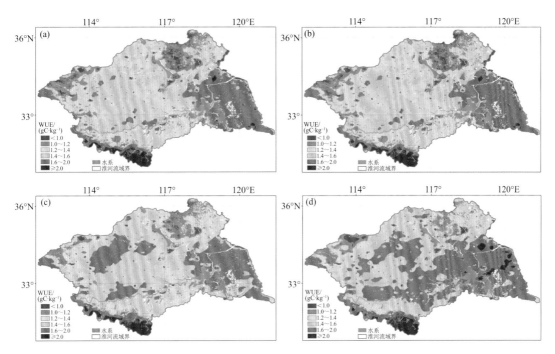

图 7.41　不同年代淮河流域水分利用效率（WUE）多年平均分布

(a)20 世纪 80 年代，(b)20 世纪 90 年代，(c)21 世纪 00 年代，(d)21 世纪 10 年代

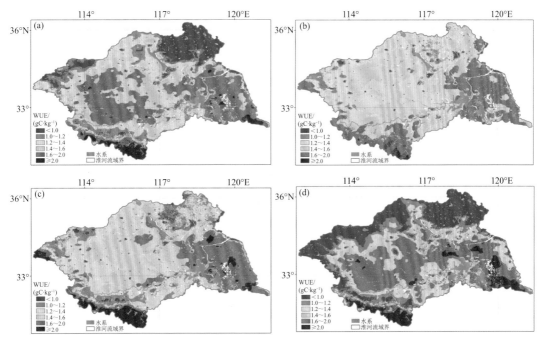

图 7.42　不同季节淮河流域水分利用效率（WUE）多年平均分布

(a)春季，(b)夏季，(c)秋季，(d)冬季

和西部地区 WUE 最高,大于 2.0 gC·kg^{-1},区域内中部和中东部地区 WUE 仍保持较高水平;冬季淮河流域北部地区植被停止生长,光合作用弱,导致其 WUE 降低至 1.0 gC·kg^{-1} 以下,但中低纬度地区作物仍存在一定的光合作用,且冬季蒸散减弱,导致中低纬度地区 WUE 在冬季并未有明显下降。对比四季,发现中低纬度地区 WUE 四季变化不明显,在四季均保持较高的 WUE,可能是由于中低纬地区轮作农田受气温胁迫较小,四季均存在一定光合作用所导致。

另外,由图 7.43 可以看出多年来四季 WUE 的变化情况。淮河流域春季 WUE 在中部地区表现出较缓慢的上升趋势,而在西部和东部地区表现出较缓慢的下降趋势,其中泰州市和扬州市下降尤为明显;夏季 WUE 在全域有缓慢的上升趋势(<0.02 gC·kg^{-1}·a^{-1}),仅在东南部地区略微下降;秋季 WUE 东部地区表现出速率较低的上升趋势,而中西部地区表现出水分利用效率降低的趋势;冬季 WUE 在中部和中西部增加明显,有部分地区大于 0.04 gC·kg^{-1}·a^{-1},但同时冬季东南部各市(淮安市、宿迁市、连云港市、泰州市和扬州市) WUE 下降明显,下降速率高于 0.02 gC·kg^{-1}·a^{-1}。总的来说,淮河流域中部地区 WUE 四季均表现出速率不等的上升趋势,而东南部各市 WUE 在春、夏、冬三季均表现出下降趋势。

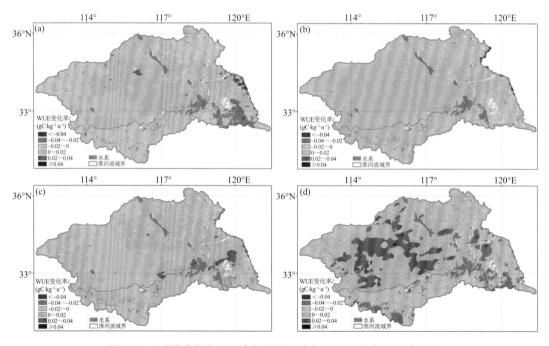

图 7.43 不同季节淮河流域水分利用效率(WUE)多年变化率分布
(a)春季,(b)夏季,(c)秋季,(d)冬季

将淮河流域 WUE 重心移动方向分解为经向和纬向两个方向,以探究 WUE 重心的迁移过程。图 7.44 为 WUE 空间重心分布经纬度的年际动态变化。由图 7.44a 所示,1981—2019 年 WUE 重心纬度有着较强的年际波动,总体呈现上升趋势,但未通过 0.05 显著性水平的检验,表明淮河流域 WUE 重心有一定的向高纬度地区移动的趋势,但表现不明显;由图 7.43b 所示,1981—2019 年 WUE 重心经度呈现出下降趋势,但也未通过 0.05 显著性水平的检验,

表明淮河流域 39 a WUE 重心有向西部地区移动的趋势,但移动不明显。总体而言,淮河流域
WUE 重心大致位于中部偏南,且重心仅存在轻微的西北向移动,间接说明淮河流域南部
WUE 大小大于北部,增加趋势在西北地区表现较明显。

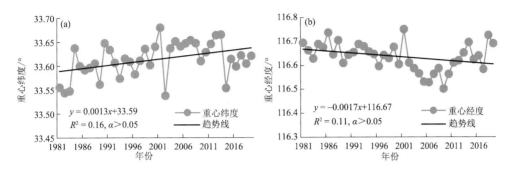

图 7.44 1981—2019 年淮河流域水分利用效率(WUE)重心纬度(a)和经度(b)的年际变化

7.8.3 流域水分利用效率时间变化特征

图 7.45 和表 7.10 分别显示了 1981—2019 年淮河流域全年和各季节 WUE 的年际变化
趋势。1981—2019 年淮河流域多年平均 WUE 为 1.48 gC·kg^{-1}。四季中,WUE 的排序为秋
(1.48 gC·kg^{-1})>夏季(1.46 gC·kg^{-1})>春季(1.40 gC·kg^{-1})>冬季(1.36 gC·kg^{-1})。
由于水分利用效率是由 GPP 和 ET 共同影响,而 GPP 和 ET 在四季过程中的变化规律类似,
故四季 WUE 仅有微小差别。在秋季,淮河流域植被呼吸和光合速率低于夏季,但蒸散低于夏
季更少,所以秋季 WUE 较高;在夏季,虽然植被生长旺盛,但蒸散作用随气温增加而更显著地
增加,故导致夏季 WUE 低于秋季,而春季和冬季气温较低,作物光合和呼吸作用受限,WUE
处于低值。39 a 来,淮河地区 WUE 整体呈显著上升趋势(α<0.05),线性趋势变化率为
0.0048 gC·kg^{-1}·a^{-1},从 1981 年的 1.24 gC·kg^{-1} 上升到了 2019 年的 1.47 gC·kg^{-1}。根
据表 7.10,不同年代各季节的 WUE 基本都表现为夏秋大而冬春小,且在不同季节表现出不
同程度的增加趋势,增长速率排序为夏季=冬季>秋季=春季,其值分别为 0.04、0.04、0.02、
0.02 gC·kg^{-1}·(10 a)$^{-1}$。分析表明,多年以来水稻种植期间(夏季)淮河流域 WUE 普遍略
高于冬小麦种植期间(冬春季)WUE,WUE 的季节变化可能与下垫面植被有关。

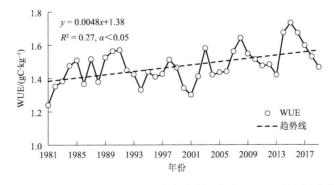

图 7.45 1981—2019 年淮河流域水分利用效率(WUE)的年际变化

表 7.10　不同年代四季及全年水分利用效率(WUE)平均值

WUE	20世纪80年代 /(gC·kg⁻¹)	20世纪90年代 /(gC·kg⁻¹)	21世纪00年代 /(gC·kg⁻¹)	21世纪10年代 /(gC·kg⁻¹)	气候倾向率 /(gC·kg⁻¹·(10 a)⁻¹)
春	1.37	1.58	1.25	1.44	0.02
夏	1.38	1.37	1.57	1.53	0.04
秋	1.53	1.45	1.33	1.60	0.02
冬	1.29	1.46	1.27	1.43	0.04
全年	1.39	1.47	1.36	1.50	0.03

淮河流域各年代 WUE 的年内变化如图 7.46 所示。淮河流域 8 月份的 WUE 最大,为 1.86 gC·kg⁻¹,其次为 9 月(1.76 gC·kg⁻¹)、4 月(1.52 gC·kg⁻¹)、7 月(1.50 gC·kg⁻¹)。各时段的 WUE 年内变化规律基本一致,呈双峰变化趋势,双峰分别位于 4 月和 8 月,与 GPP 的双峰(5 月和 8 月)高度相似,分别对应冬小麦和水稻生长季中期。另外,随着年代的变化该地区各月 ET 呈上升趋势,9 月上升尤为明显。

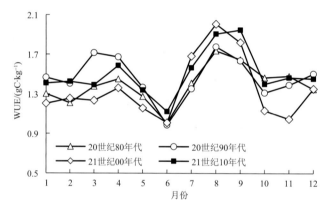

图 7.46　淮河流域各年代水分利用效率(WUE)月际变化

7.8.4　水分利用效率与各气候要素及植被的归因分析

将 ET 和 GPP 作为中间变量,综合研究各要素对 WUE 的影响,研究结果如图 7.47 所示。ET 与 GPP 对 WUE 的直接影响均较大,直接通径系数分别为 −1.512 和 2.014,ET 代表植被耗水量,其增长直接导致 WUE 的下降,GPP 代表植被光合作用吸收 CO_2 的总和,其增长直接导致 WUE 的上升。

综合来看,LAI、Pre、T_a、R_{ad}、RH 对 WUE 产生影响,决定系数绝对值排序为 LAI>Pre>T_a>RH>R_{ad},其中 LAI、T_a 和 R_{ad} 通过 ET 和 GPP 两条路径对 WUE 产生影响。LAI 对 WUE 的影响最大,且主要起促进作用,决定系数为 0.894,6.2 和 6.3 节表明,LAI 的变化对 ET 和 GPP 影响极大,对 WUE 产生的影响是多方面的,LAI 在促进 ET 的同时促进了 GPP,但通过促进 GPP 对 WUE 的促进作用大于通过 ET 路径对 WUE 的抑制作用;T_a 对 ET 和 GPP 也同时表现出促进作用,且通过 ET 路径对 WUE 产生的抑制作用大于通过 GPP 路径对

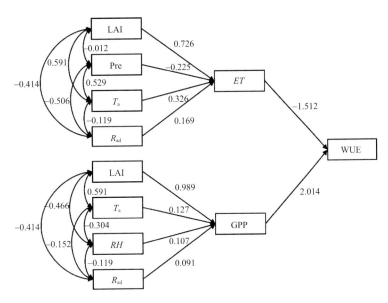

图 7.47   1981—2019 年淮河流域水分利用效率(WUE)的路径分析图

WUE 的促进作用,T_a 总体对 WUE 表现出抑制作用,决定系数为 -0.237;R_{ad} 也通过 ET 和 GPP 路径对 WUE 起抑制作用,但决定系数明显低于 T_a 和 LAI,仅为 -0.072;Pre 仅通过 ET 路径对 WUE 产生促进,决定系数为 0.340;RH 仅通过 GPP 路径对 WUE 产生促进作用,决定系数为 0.215。

7.8.5   不同增温情景下流域水分利用效率的区域分布

以淮河流域多年平均气象条件状况为正常情景,在其基础上分别进行 0.5 ℃、1.0 ℃、2.0 ℃ 的增温,不同情景得到的模型结果如图 7.48 所示。不同情景下 WUE 的区域分布均为中东部、西南部偏大,西北、东北部地区偏小,但不同增温情境下 WUE 发生变化,增温越剧烈,WUE 的减小越明显。正常情景下,淮河流域中部 WUE 为 $1.4\sim1.6$ gC·kg^{-1},东南部地区达到 1.6 gC·kg^{-1} 以上,东南部有部分地区(连云港市中部、盐城市中部、淮安市中部、泰州市中部)达到 1.8 gC·kg^{-1} 以上,南部地区大面积 WUE 达到 1.8 gC·kg^{-1} 以上,西北、西南部地区多为 $1.0\sim1.2$ gC·kg^{-1};在增温 0.5 ℃ 的情景下,东部和南部 WUE 下降明显,东部地区 WUE 均小于 1.8 gC·kg^{-1},中部、东部地区也有一定的减少;在增温 1.0 ℃ 的情景下,东部地区 WUE 持续降低,但东部地区大部 WUE 仍处在 $1.4\sim1.6$ gC·kg^{-1},南部地区 WUE 保持高值(>1.8 gC·kg^{-1}),西北部和西南部地区 WUE 为 $1.0\sim1.2$ gC·kg^{-1} 的地区显著增多;在增温 2.0 ℃ 的情景下,东部地区大部 WUE 减小为 $1.4\sim1.6$ gC·kg^{-1}(正常情景为 $1.6\sim1.8$),中西部地区大部 WUE 减小为 $1.2\sim1.4$ gC·kg^{-1}(正常情景为 $1.4\sim1.6$ gC·kg^{-1}),西南部和东南部地区大部 WUE 从 $1.2\sim1.4$ gC·kg^{-1}(正常情景)降低到 1.2 gC·kg^{-1} 以下。总的来看,各情景下 WUE 均小于正常情景,说明淮河流域气温升高会导致 WUE 下降。

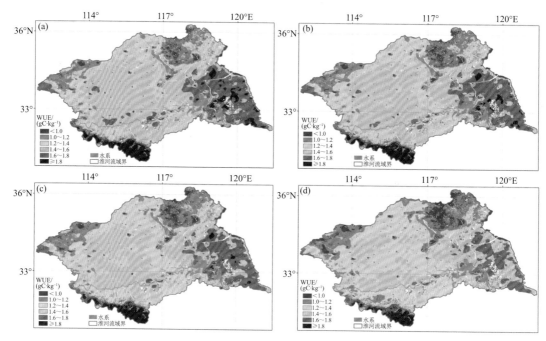

图 7.48　不同增温情景下淮河流域年 WUE 的区域分布图
(a)正常情景,(b)升温 0.5 ℃,(c)升温 1.0 ℃,(d)升温 2.0 ℃

7.8.6　不同增温情景下流域水分利用效率的季节变化

淮河流域各年代 WUE 的年内变化如图 7.49 所示,在只有温度条件改变的情况下,WUE 的年内变化规律不发生改变,均为双峰型(峰值位于 4 月和 8 月)。在 1 月,增温情景下 WUE 高于正常情景,且温度升高越多,WUE 升高越明显,说明区域增温在 1 月对 WUE 有促进作用;在 2 月和 12 月,增温情景下 WUE 与正常情景区别不大,说明区域增温在 2 月和 12 月对 WUE 的影响较小;在 3—11 月,增温情景下 WUE 均低于正常情景,且在 4—10 月,WUE 随气温升高显著下降,说明区域增温在 3—11 月对 WUE 有抑制作用,且抑制作用在 4—10 月更明显。

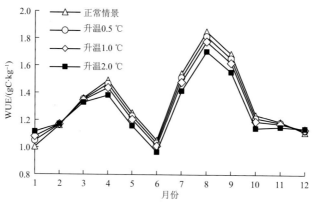

图 7.49　淮河流域不同增温情景下水分利用效率(WUE)月际变化

根据表 7.11,增温情景对淮河流域 WUE 有抑制作用,但在不同季节 WUE 的影响不尽相同,增温背景下冬季 WUE 增加,且随增温程度的增加而增加,春季、夏季和秋季 WUE 降低,且随增温程度的增加而降低。从全年来看,增温 0.5 ℃、1.0 ℃、2.0 ℃将导致区域 WUE 分别降低 0.01、0.03、0.06 gC·kg^{-1},相对变化率分别为 0.75%、2.26% 和 4.50%。在春季,增温 0.5 ℃、1.0 ℃、2.0 ℃将导致区域 WUE 分别降低 0.02、0.04、0.08 gC·kg^{-1},相对变化率分别为 1.46%、2.92% 和 5.84%;在夏季,增温 0.5 ℃、1.0 ℃、2.0 ℃将导致区域 WUE 分别降低 0.03、0.06、0.12 gC·kg^{-1},相对变化率分别为 2.03%、4.05% 和 8.11%;在秋季,增温 0.5 ℃、1.0 ℃、2.0 ℃将导致区域 WUE 分别降低 0.02、0.04、0.09 gC·kg^{-1},相对变化率分别为 1.46%、2.92% 和 6.57%;在冬季,增温 0.5 ℃、1.0 ℃、2.0 ℃将导致区域 WUE 分别升高 0.02、0.04、0.05 gC·kg^{-1},相对变化率分别为 1.83%、3.67% 和 4.59%。对比四季,区域增温对区域 WUE 影响作用大小排序为夏季>秋季>春季>冬季。

表 7.11   不同增温情景下四季及全年水分利用效率(WUE)平均值

WUE	正常情景 /(gC·kg^{-1})	增温 0.5 ℃ /(gC·kg^{-1})	增温 1.0 ℃ /(gC·kg^{-1})	增温 2.0 ℃ /(gC·kg^{-1})
春	1.37	1.35	1.33	1.29
夏	1.48	1.45	1.42	1.36
秋	1.37	1.35	1.33	1.28
冬	1.09	1.11	1.13	1.14
全年	1.33	1.32	1.30	1.27

7.9   本章小结

(1)淮河流域典型稻麦农田生态系统感热通量呈单峰型日变化分布,白天为正,夜间为负。潜热通量同样呈单峰型结构,且均为正值。感热通量和潜热通量在月变化上均呈现 M 型双峰结构。感热通量年变化总体呈增加趋势,而潜热通量总体呈减小趋势。感热和潜热通量的分布特征与日照时数密切相关,同时受云、降水等多种因素的影响。鲍恩比日变化呈明显的单峰型结构,年平均鲍恩比为 0.43,且总体呈现上升趋势。

(2)淮河流域典型稻麦农田生态系统土壤热通量日变化呈单峰型分布,白天为正,夜间为负;夏季土壤热通量日变化峰值出现得最早,冬季最晚。春季土壤热通量的峰值最大,冬季峰值最小;月变化亦呈单峰型分布,5 月最大,12 月最小,总体呈现增加的年变化趋势;春、夏季土壤热通量为正,主要是由地表向土壤深层传导;秋、冬季土壤热通量则为负,表现为由土壤深层向大气传导。

(3)淮河流域典型稻麦农田生态系统向下短波辐射日变化幅度最大,白天大夜间小,向上短波辐射日变化趋势与其基本一致。地面向上长波辐射日变化幅度大于大气向下长波辐射,而大气向下长波辐射日变化幅度相对较小。净辐射的日变化特征明显,夜间为负,白天为正,中午达到最大。各个辐射分量和净辐射均呈现单峰型月变化特征,变化幅度各不相同,地面向上长波辐射总平均值最大,大气向下长波辐射次之,其次为向下短波辐射和净辐射,向上短波辐射最小,各辐射分量和净辐射均为正值。年变化上,各个辐射分量和净辐射均呈现不同程度的上升趋势。

(4)淮河流域典型稻麦农田生态系统能量平衡残余量日变化呈单峰型分布,白天为正,夜间为负,残余量的存在表明有效能量和湍流通量是不相等的,能量平衡存在不闭合特征。有效能量和湍流通量线性回归线基本在1:1线以下,表明湍流通量小于有效能量。能量平衡比平均为94%,白天明显优于夜间;5月最大,12月最小;春季的能量平衡比率最大,其次是夏季,冬季最小。总体来看,能量平衡比率相对较高,通量观测系统资料质量是可靠的。

(5)淮河流域典型稻麦农田生态系统多年平均地表实际蒸散年总量为740.3 mm,其中冬小麦、水稻、裸地分别占比40.7%、52.3%、7.0%。冬小麦ET的日均值为1.40 mm·d^{-1},在生长季内ET变化表现为弱"双峰型"特征,两峰值分别位于出苗—三叶和开花期。水稻ET的日均值为3.23 mm·d^{-1},在生长季内ET变化表现为"单峰型",峰值位于拔节期。冬小麦ET主要受净辐射(R_n)和叶面积指数(LAI)影响,R_n的直接作用最明显,而LAI主要通过R_n路径对ET产生间接影响。水稻ET主要受R_n和20 cm土壤体积含水量($VSWC_{20}$)影响,R_n直接作用更明显。对比两种作物,R_n对其ET都起决定性作用,LAI对冬小麦ET作用明显高于水稻,而$VSWC_{20}$对水稻ET促进作用明显,对冬小麦ET变化促进作用可以忽略。

(6)淮河流域典型稻麦农田生态系统水分利用效率(WUE)存在夏低冬高的季节变化特征;日尺度上冬小麦WUE呈"U"型,而水稻WUE从清晨开始不断下降,在傍晚没有明显回升;在生长季内,水稻WUE不断上升,乳熟期达到最大,冬小麦WUE表现出孕抽穗最大的"单峰"特征。合理控制蒸散是提高WUE的有效途径,而对于WUE提升空间较大的水稻,提高其固碳能力是关键。光合有效辐射和饱和水气压差对月尺度WUE影响较大,对比两种作物,水稻WUE对气象要素的响应程度普遍高于冬小麦。

(7)利用BEPS模型对淮河流域区域尺度地表实际蒸散进行模拟分析,淮河流域ET平均值高值区位于中东部和南部,流域内大部分区域ET呈上升趋势,但上升速率略有不同,变化率空间分布为中西部较高,东北部较低;流域ET重心位于中部偏西南,且有着显著的南移趋势。淮河流域多年平均ET为558.67 mm,整体线性趋势变化率为4.52 mm·a^{-1},年内变化表现为双峰型,四季中夏季ET占比最高且上升速率最快。蒸散上升主要是由于近年来淮河流域温度上升、降水适宜度增加,这有效降低了积温不足对水稻生长的不利影响;另一方面,近年来不断增加的大气CO_2浓度协同氮沉降与化肥用量的增加,补充了植被所需的营养物质,刺激了植被的生理过程,植被LAI明显增加,ET也随之增强。

(8)淮河流域多年平均WUE大致分布为东高西低,南高北低,区域内大部分地区呈上升趋势,中部增加较快,东部和西部增加较缓慢;流域内WUE重心大致位于中部偏南,且重心仅存在轻微的西北向移动,说明淮河流域南部WUE大小大于北部,增加趋势在西北地区表现较明显。流域WUE年内变化表现为双峰型,秋季和夏季WUE略高于冬季和春季。

第 8 章
流域大气环境

8.1 典型农田区大气成分变化特征

8.1.1 观测站点概况

安徽省寿县位于淮河流域,属于中国气候观测系统(China Climate Observing System, CCOS)确定的黄淮农业生态观测区。寿县国家气候观象台是我国五个观象台试点站之一,也是美国能源部国际大气辐射测量计划(Atmospheric Radiation Measurement,ARM)选定的移动观测站,该地是典型的农田下垫面特征,是以农业为主,人类活动较少的农村地区。2014 年 9 月起,安徽省气象局在寿县国家气候观象台开展了气溶胶及其前体物在内的大气成分综合观测,为开展相关研究提供了数据支持。

大气中的氮氧化物(NO_x)、二氧化硫(SO_2)、一氧化碳(CO)及臭氧(O_3)等,可以在大气中发生化学反应或者通过大气化学反应生成,通常称为反应性气体。寿县国家气候观象台大气成分综合观测系统的主要设备有 GRIMM 180 颗粒物监测仪、Aurora3000 多波段浊度计、AE-31型黑碳气溶胶观测仪和反应性气体分析仪。仪器置于恒温房上方,由观测人员定期巡视和维护,保证数据质量。仪器采样频率均是 5 min。GRIMM 180 颗粒物监测仪是用来在线测量气溶胶浓度的一种仪器,可以实时测量 32 个粒径段的气溶胶数浓度,并计算出 PM_{10}、$PM_{2.5}$ 和 $PM_{1.0}$ 的质量浓度。Aurora3000 多波段浊度计可以测量 450、525、635 nm 的散射系数和后向散射系数。AE-31 型黑碳气溶胶观测仪可以测量 370、470、520、590、660、880、950 nm的黑碳气溶胶质量浓度。880 nm 波段的红外光最稳定,因此,常用该波段的黑碳气溶胶质量浓度计算气溶胶吸收系数。本章以 880 nm 为例分析寿县地区黑碳气溶胶质量浓度变化特征。反应性气体分析仪包括 TE42CTL 型 NO_x 分析仪、TE43CTL 型 SO_2 分析仪、TE48CTL 型 CO 分析仪和 TE49C 型 O_3 分析仪,分别用来测量氮氧化物(NO_x)、二氧化硫(SO_2)、一氧化碳(CO)和臭氧(O_3)的体积浓度。

寿县国家气候观象台大气成分数据集研制流程主要是数据收集、质量控制、生成元数据和撰写说明文档。数据来自寿县国家气候观象台大气成分室观测数据文件,即 2014 年 8 月至 2019 年 12 月的颗粒物质量浓度、气溶胶散射系数和反应性气体体积浓度的 5 min 数据,以及 2016 年 1 月至 2019 年 12 月的黑碳气溶胶质量浓度的 5 min 数据。质量控制主要有台站—省级两级质量控制,台站级的质量控制主要是观测员值班当日对数据实时变化的观测及对监测仪器异常的报警信号进行处理记录,同时接班员对上一班数据进行审核;省级质量控制主要根据界限值检查、内部一致性检查等质控方法开展。质量控制之后生成质量可信的元数据,最后根据气象要素分类与编码、气象资料分类与编码、气象数据集核心元数据、大气成分观测资料分类与编码、气象科学数据集制作与归档技术规定、气象数据集组织命名规定、气象数据集说明文档格式标准,确定数据集代码,数据文件命名方式,文件存放目录结构及数据文件结构,撰写数据集说明文档,制作完成数据集。

以颗粒物质量浓度为例,数据集研制流程和方法见图8.1。其中,$QC=0$、$QC=1$、$QC=2$、$QC=8$分别表示数据正确、数据可疑、数据错误、数据缺测。(1)时制换算:自2014年9月开始以北京时存储观测数据,后期为统一上传数据,改为世界时存储观测数据,制作数据集时找到确切的时制转换点,将数据存储统一换算成北京时。(2)界限值检查:以原始数据做概率分布,确定界限点,气溶胶质量浓度观测数据介于$[0,1500]\ \mu g \cdot m^{-3}$区间内。剔除未通过界限值检查的数据,以缺测值代替。(3)内部一致性检查:观测数据遵循$PM_{10} > PM_{2.5} > PM_{1.0}$。剔除未通过内部一致性检查的数据,以缺测值代替。(4)跳变检查:某一时刻数据大于前一时刻或后一时刻数据2倍,给予可疑标志。(5)计算小时均值:去除错误和可疑标志数据,对正确标志的分钟数据进行平均。(6)插值处理:当24 h中观测时次≥20,即≥80%时,对缺测小时数据进行插值,否则不予插值。

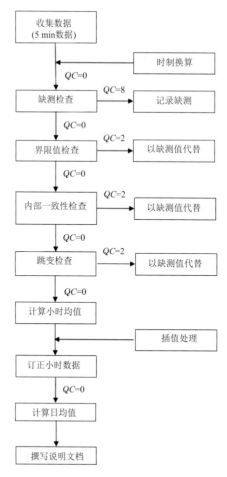

图8.1 寿县国家气候观象台颗粒物质量浓度数据集研制流程

针对反应性气体,界限值检查:$0 < NO < 200$ ppb[①],$0 < NO_2 < 200$ ppb,$0 < NO_x < 200$ ppb,$0 < SO_2 < 200$ ppb,$0 < CO < 1000$ ppm[②],$0 < O_3 < 300$ ppb。内部一致性检查:每时次观测值 $NO < NO_x$,$NO_2 < NO_x$。其他研制流程和方法同颗粒物质量浓度。针对黑碳仪,界限值检查:黑碳气溶胶质量浓度介于 $[0, 200000]$ ng·m^{-3} 区间内,无内部一致性检查,其他研制流程和方法同颗粒物质量浓度。针对浊度计,界限值检查:散射系数和后向散射系数观测数据介于 $[0, 10000]$。内部一致性检查:同一波段散射系数大于后向散射系数。其他研制流程和方法同颗粒物质量浓度。此外,浊度计会定时自检,自检前后数据质量不可信,需剔除。2014 年 8 月—2016 年 3 月,每日 00:00 自检,00:00 数据存疑,2016 年 4 月 1 日 08:00 起,每隔 7 d 自检一次,自检 08:00 的数据存疑。

8.1.2 大气颗粒物变化特征

由图 8.2 可见,PM$_{10}$、PM$_{2.5}$ 和 PM$_{1.0}$ 质量浓度逐年变化趋势基本一致,2014—2018 年,颗粒物质量浓度逐年递减,说明寿县地区颗粒物污染逐年减轻,但 2019 年相比 2018 年,颗粒物质量浓度增大,寿县地区污染反弹。国家环境质量标准规定:PM$_{10}$ 二级浓度限值 70 μg·m^{-3},PM$_{2.5}$ 二级浓度限值 35 μg·m^{-3}。寿县地区自 2017 年以来,PM$_{10}$ 质量浓度年均值低于 70 μg·m^{-3},但 PM$_{2.5}$ 质量浓度年均值仍大于 35 μg·m^{-3},说明细颗粒物污染是寿县地区污染的重要原因。

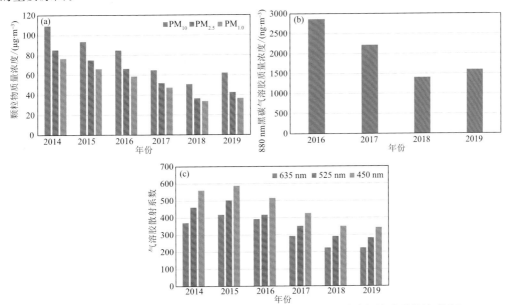

图 8.2 寿县国家气候观象台颗粒物质量浓度(a)、880 nm 黑碳气溶胶质量浓度(b)、气溶胶散射系数(c)逐年变化

2016—2019 年寿县地区黑碳气溶胶质量浓度分别是 2866、2217、1406、1597 ng·m^{-3},对比我国其他地区,寿县黑碳气溶胶质量浓度处较低水平,但仍远高于瓦里关和临安本地站观测

---

① 1 ppb$=10^{-9}$。

② 1 ppm$=10^{-6}$。

值,说明该地区黑碳气溶胶污染状况不容忽视。黑碳气溶胶质量浓度逐年递减,2019 年有所反弹,外来输送影响降低是寿县地区黑碳气溶胶浓度减小的主要原因。寿县地区气溶胶散射系数整体呈下降趋势,说明寿县地区散射性气溶胶减少,污染减轻。

以 3、4、5 月为春季,6、7、8 月为夏季,9、10、11 月为秋季,12、1、2 月为冬季,分析寿县地区大气成分季节变化特征。由图 8.3 可知,PM_{10},$PM_{2.5}$ 和 $PM_{1.0}$ 质量浓度季节变化明显,且特征基本一致,为冬季>春季>秋季>夏季。黑碳气溶胶质量浓度季节变化特征是冬季>秋季>春季>夏季,分别为 3163、1935、1821、1192 $ng \cdot m^{-3}$。冬季受本地和外来输送污染源以及较差的气象扩散条件的共同影响,污染物浓度较高,夏季污染物的稀释扩散条件较好,有利于从大气环境中去除,污染物浓度较低。气溶胶散射系数是冬季最大,春季最小,寿县地区散射性气溶胶和吸收性气溶胶季节变化存在差异。

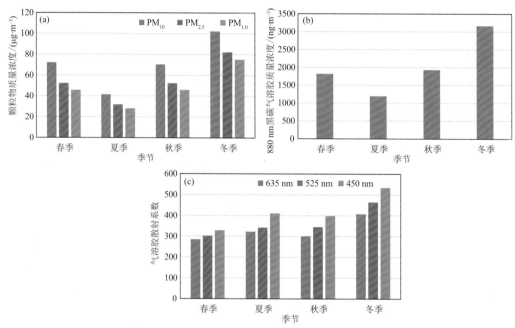

图 8.3 寿县国家气候观象台颗粒物质量浓度(a)、880 nm 黑碳气溶胶质量浓度(b)、气溶胶散射系数(c)季节变化

8.1.3 反应性气体变化特征

SO_2、NO_2 等气态前体物发生光化学反应会生成硫酸盐、硝酸盐等无机物,这些无机物是大气细粒子的重要组成部分。由图 8.4 可见,寿县地区 NO_x 体积浓度年变化趋势不明显,SO_2 体积浓度由 2014 年的 6.85 ppb 逐年递减到 2019 年的 2.69 ppb,这会造成寿县地区的硫酸盐、硝酸盐等无机物逐年减少,大气气溶胶含量降低,与图 8.1 分析结论吻合。CO 体积浓度的年变化趋势不明显,而 O_3 体积浓度从 2014 年的 25.64 ppb 逐年递增到 2019 年的 38.59 ppb。

图 8.5 中,NO_x、SO_2、CO 基本维持冬季>秋季>春季>夏季的季节变化特征,气象条件是其季节变化的重要原因。O_3 的季节变化特征是夏季>春季>秋季>冬季,分别是 45.35、42.08、31.17、20.43 ppb。气温与地表 O_3 浓度呈正相关,夏季太阳辐射最强,气温较高,因此,寿县地区夏季 O_3 浓度最高。

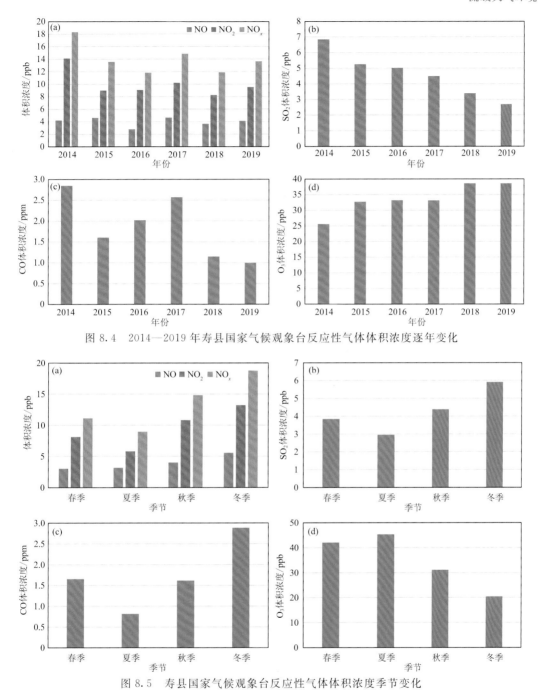

图 8.4 2014—2019 年寿县国家气候观象台反应性气体体积浓度逐年变化

图 8.5 寿县国家气候观象台反应性气体体积浓度季节变化

8.2 典型农田区气溶胶光学特性分析

8.2.1 数据与方法

寿县国家气候观象台设置有自动跟踪扫描太阳辐射计,型号为 CE-318 型太阳光度计。

该仪器可进行 9 个光谱通道(340、380、440、500、675、870、940、1020、1640 nm)的太阳直接和散射辐射测量,还可以进行太阳等高度角天空扫描、太阳主平面扫描和极化通道天空扫描。仪器测得的直射太阳辐射数据和天空扫描数据,主要用来计算大气透过率,反演气溶胶光学和其他特性,如粒径谱、相函数、光学厚度等。在太阳-天空辐射计观测网(Sun-Sky Radiometer Oberservation Network,SONET)工作组的帮助下,寿县国家气候观象台的仪器采用室内外传递定标方法完成了仪器标定,确保了数据的高精度。反演的气溶胶参数包括气溶胶光学厚度、Ångström 波长指数、细粒子比例、粒径谱分布、单次散射反照率和复折射指数等。

本节将对比分析 3 种情况下的气溶胶光学特性和类型特征。其中,第一种情况指 2015—2019 年所有日期,后文为方便描述以淮河流域农田背景区代替;第二种情况指 2015—2019 年所有明确识别出的灰霾污染日,后文以灰霾污染日代替;第三种情况指 2015—2019 年所有明确识别出的非灰霾污染日,后文以非灰霾污染日代替。季节划分:3、4、5 月为春季,6、7、8 月为夏季,9、10、11 月为秋季,12、1、2 月为冬季。

采用 Chen 等(2016)开发的气溶胶分类方法,对寿县地区日均值观测数据进行分类,根据分类结果,分析寿县地区气溶胶类型。气溶胶分类方法示意图见图 8.6,通过气溶胶光学厚度(AOD)和气溶胶相对光学厚度(AROT)把气溶胶分为 6 个类型,分别是海洋型:$AOD_{440} \leqslant 0.15$,$AROT_{1020/440} \geqslant 0.31$;沙尘型:$AOD_{440} \geqslant 0.15$,$AROT_{1020/440} \geqslant 0.81$;大陆型:$AOD_{440} \leqslant 0.15$,$AROT_{1020/440} \leqslant 0.31$ 和 $0.15 \leqslant AOD_{440} \leqslant 0.5$,$AROT_{1020/440} \leqslant 0.81$;次大陆型:$AOD_{440} \geqslant 0.5$,$0.39 \leqslant AROT_{1020/440} \leqslant 0.81$;城市工业型:$AOD_{440} \geqslant 0.5$,$0.25 \leqslant AROT_{1020/440} \leqslant 0.39$;生物质燃烧型:$AOD_{440} \geqslant 0.5$,$AROT_{1020/440} \leqslant 0.25$。其中,气溶胶光学厚度反映的是气溶胶对光的衰减程度,能大体上表征大气的浑浊程度,其值越大,大气的污染程度越重。气溶胶相对光学厚度是 1020 nm 和 440 nm 的气溶胶光学厚度的比值,其值对光学厚度敏感,不确定度会受到光学厚度量值的影响(贺欣 等,2020)。根据 Gobbi 等(2007)的研究,当 $AOD_{440} < 0.15$ 时,会对 $AROT_{1020/440}$ 产生较大误差,而且内陆地区不可能出现海洋型气溶胶,因此,本章设立 $AOD_{440} > 0.15$ 的阈值来筛选观测数据进行分析。

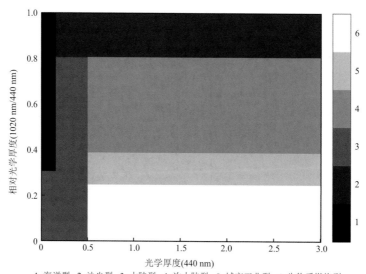

1=海洋型, 2=沙尘型, 3=大陆型, 4=次大陆型, 5=城市工业型, 6=生物质燃烧型

图 8.6　气溶胶分类方法示意图

8.2.2　气溶胶光学厚度、Ångström 波长指数和细粒子比例

气溶胶光学厚度(AOD)是表征气溶胶消光性质的一个重要参数,能够反映整层大气柱的气溶胶含量(吕睿 等,2016)。如图 8.7 所示,AOD 随波长增大有减小趋势,同 Qin 等(2018)、Adeyewa 等(2003)、Wang 等(2015)AOD 的波长变化趋势一致,相比淮河流域农田背景区及其非灰霾污染日,灰霾污染日的 AOD 随波长变化更剧烈,说明灰霾污染日的气溶胶对太阳光衰减的波长选择性增强。灰霾污染日的 AOD_{440} 平均值为 0.86,分别是淮河流域农田背景区及其非灰霾污染日的 1.37(0.63,440 nm)和 1.43(0.60,440 nm)倍,这说明灰霾污染日期间发生颗粒物进入大气,使得气溶胶含量增加。3 种情况下,AOD_{440} 的下四分位值分别为 0.38(淮河流域农田背景区)、0.51(灰霾污染日)、0.37(非灰霾污染日);上四分位值分别为 0.79(淮河流域农田背景区)、1.10(灰霾污染日)、0.75(非灰霾污染日)。灰霾污染日的 AOD 低值区的频率明显低于淮河流域农田背景区及其非灰霾污染日,而高值区频率显著增加,灰霾污染的出现对 AOD 贡献了高值。

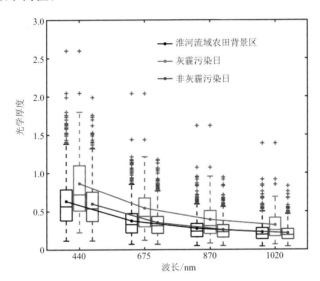

图 8.7　3 种情况下气溶胶光学厚度随波长变化(箱式图形式,点折线表示平均值;
箱子的横线条由下至上分别表示下限值、下四分位值、中位值、上四分位值、上限值;红色+号表示异常值)

Ångström 波长指数代表了粒子谱分布的平均情况,值越小,表示大粒子越多,反之表示小粒子越多(吕睿 等,2016)。由图 8.8 可见,3 种情况下 Ångström 波长指数平均值为 1.09~1.32,细粒子比例平均值为 0.80~0.91,且灰霾污染日的细粒子比例的平均值、中位值、下四分位值、上四分位值都明显大于淮河流域农田背景区及其非灰霾污染日的,说明 3 种情况下均以细粒子气溶胶为主,但灰霾污染日的细粒子比例更高。

2015—2019 年 AOD_{440} 和细粒子比例整体呈逐年减小趋势,其中 2018—2019 年有一个轻微反弹趋势,2015—2019 年,我国实施了多项空气质量管控和减排措施,整体污染物的浓度是逐年下降的(张小曳 等,2020)。春季 AOD_{440} 最高,Ångström 波长指数和细粒子比例最低,可能是因为春季气溶胶来源的影响,主要来自西北较强的爱根核模态粒子长距离输送,以及东方气团粒子的贡献,春季气溶胶粒子相对其他季节较大,粒子吸湿性强,强吸湿模态粒子数目比

例也较高(牟福生 等,2016;Zhuang et al.,2018;范伟 等,2020)。夏季 AOD$_{440}$ 次之,Ångström 波长指数和细粒子比例最高,这可能是因为夏季高湿气溶胶易发生吸湿增长(Li et al.,2010),而高温有利于二次气溶胶粒子的生成(Che et al.,2015)。秋冬季 AOD$_{440}$ 较低,Ångström 波长指数和细粒子比例较高,主要由雾-霾污染造成。

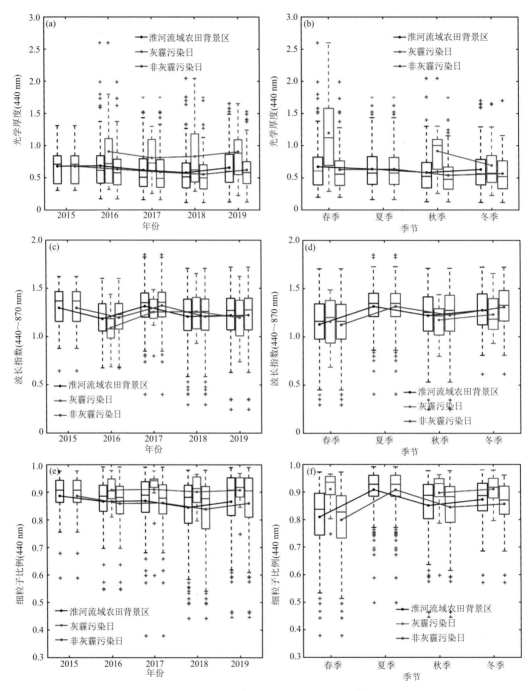

图 8.8 3 种情况下气溶胶光学厚度(440 nm)(a—b)、Ångström 波长指数
(440~870 nm)(c—d)、细粒子比例(440 nm)(e—f)年际和季节变化

针对 Ångström 波长指数(440～870 nm)、细粒子比例(440 nm)与气溶胶光学厚度(440 nm)相关性进行分析。由图 8.9a 可以看出,非灰霾污染日,Ångström 波长指数小于 0.5 时,Ångström 波长指数和 AOD$_{440}$ 成反比,影响大气浑浊度主要为粗粒子,Ångström 波长指数大于 0.7 时,Ångström 波长指数和 AOD$_{440}$ 成正比,细粒子气溶胶为主要影响粒子。灰霾污染日,随着 AOD$_{440}$ 增大,Ångström 波长指数先增大,当 AOD$_{440}$ ＞0.8,Ångström 波长指数有所下降,即随着大气浑浊度增加起主要作用的颗粒物向大粒径方向移动,造成下降的原因可能与污染较强的天气下气溶胶碰并过程增多,黑碳气溶胶老化有一定关系(Reid et al.,1999;张勇等,2014)。图 8.9b 中非灰霾污染日下,细粒子比例小于 0.55 时,细粒子比例和光学厚度呈轻微反比趋势,细粒子比例大于 0.6 时,随着 AOD$_{440}$ 增大,细粒子比例增大并逐渐稳定在 0.95 附近。灰霾污染日下细粒子比例基本大于 0.7,随着 AOD$_{440}$ 增大而增大并逐渐稳定在高值,说明污染较强的天气下气溶胶虽往大粒径方向移动,但仍为细粒子,对应的 Ångström 波长指数也大于 0.68。

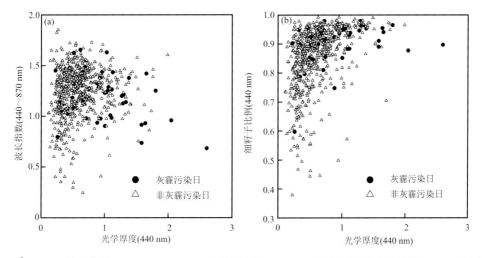

图 8.9　Ångström 波长指数(440～870 nm)(a)、细粒子比例(440 nm)(b)与气溶胶光学厚度(440 nm)相关关系

根据《中华人民共和国国家环境保护标准》(HJ 633—2012),利用空气质量指数 AQI 将空气质量分为 6 个等级。优:AQI 是 0～50;良:AQI 是 51～100;轻度污染:AQI 是 101～150;中度污染:AQI 是 151～200;重度污染:AQI 是 201～300;严重污染:AQI 大于 300。如图 8.10 所示,淮河流域农田背景区及其灰霾污染日无空气质量是严重污染的情况,灰霾污染日无空气质量是优的情况。随着污染等级增加,淮河流域农田背景区 AOD$_{440}$ 由 0.43 增大到 1.22,灰霾污染日的由 0.81 增大到 1.66,Ångström 波长指数和细粒子比例基本稳定高值。但污染等级由中度污染到重度污染变化时,Ångström 波长指数和细粒子比例减小,但仍分别大于 0.84 和 0.77,以细粒子为主。

8.2.3　气溶胶粒子体积浓度谱分布

气溶胶粒子体积浓度谱反映单位面积上垂直大气柱内气溶胶粒子体积随粒径(0.05～15 μm)的变化,是表征气溶胶粒子粒径分布的重要参数(韩亚芳 等,2017)。图 8.11 中,3 种情况下气溶胶粒子体积浓度谱均呈双峰型分布,以细模态为主模态峰,淮河流域农田背景区及

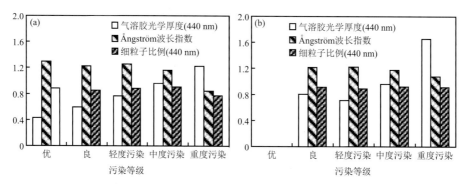

图 8.10　淮河流域农田背景区(a)及其灰霾污染日(b)不同污染等级的气溶胶光学
厚度(440 nm)、Ångström 波长指数(440～870 nm)、细粒子比例(440 nm)

其非灰霾污染日的气溶胶粒子体积浓度谱基本吻合。灰霾污染日的粒子体积浓度高于淮河流域农田背景区及其非灰霾污染日,细模态增幅高于粗模态,结合图 8.9b 细粒子比例增大,反映了细粒子气溶胶增加在淮河流域农田背景区灰霾污染中占主导作用。

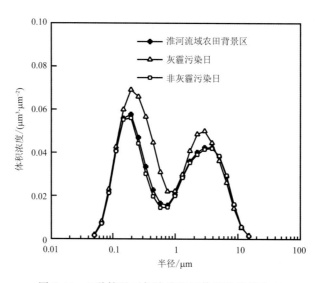

图 8.11　3 种情况下气溶胶粒子体积浓度谱分布

由图 8.12 可见,气溶胶细模态粒子体积浓度年际变化同 AOD 年际变化一致,整体呈减小趋势,粗模态粒子体积浓度无明显年际变化,进一步说明了 3 种情况下均以细粒子气溶胶为主。淮河流域农田背景区及其非灰霾污染日夏季细粒子体积浓度及其峰值半径最大,这与夏季高湿吸湿增长有关,春季细粒子体积浓度稍高于粗模态,粗细模态浓度差异小,同 Ångström 波长指数和细粒子比例春季低的结果吻合,与春季气溶胶来源有关。灰霾污染日三季均是细模态为主明显,粗细粒子峰值浓度春＞秋＞冬,与 AOD 的季节变化一致,灰霾污染日主要由雾-霾污染造成,而春季湿度相对较高,吸湿增长作用相对明显。图 8.13 中,随着 AOD 增大,灰霾污染日和非灰霾污染日的粗细模态粒子体积浓度增大,细模态增幅大于粗模态,且细粒子体积浓度的峰值半径随气溶胶光学厚度增大先减小后增大,同图 8.9 分析结果吻合。

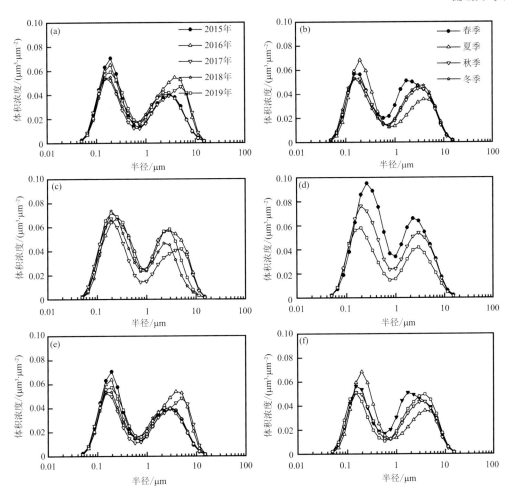

图 8.12　3 种情况下气溶胶粒子体积浓度谱年际变化(左列)和季节变化(右列)
(a,b)淮河流域农田背景区,(c,d)灰霾污染日,(e,f)非灰霾污染日

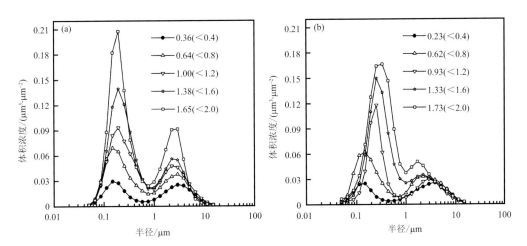

图 8.13　不同气溶胶光学厚度(440 nm)下淮河流域农田背景区灰霾污染日(a)
和非灰霾污染日(b)的气溶胶粒子体积浓度谱分布

8.2.4 单次散射反照率和复折射指数

单次散射反照率是气溶胶粒子因散射而导致入射光消光在总消光中所占的比例,可表示为气溶胶散射系数与消光系数的比值,其值越大,表示气溶胶散射性越强,反之,气溶胶吸收性越强。复折射指数是反映气溶胶粒子光散射和吸收能力的基本参数,其实部表示粒子的散射能力,值越大,表示气溶胶散射能力越强;虚部表示粒子的吸收能力,值越大,表示气溶胶吸收能力越强。单次散射反照率和复折射指数均与气溶胶粒子的成分以及混合状态密切相关(侯灿 等,2020)。当 $AOD_{440}<0.4$ 时,单次散射反照率和复折射指数反演误差较大,故缺省。

由图 8.14 可见,3 种情况下,440 nm 单次散射反照率的平均值和下四分位值在 0.92 以上,气溶胶散射性强。随着波长增大单次散射反照率减小,粒子散射性减弱。由于波长和粒子尺度相近时,散射光最有效,波长大于粒子尺度时,散射效果最差,因此,说明细粒子是占主导作用的气溶胶粒子,与华北和长三角地区以细模态粒子为主时单次散射反照率的波长变化趋势一致(Cheng et al.,2015;Tian et al.,2017)。单次散射反照率的数值大小排序是灰霾污染日>淮河流域农田背景区>非灰霾污染日,与图 8.15 中复折射指数实部的顺序相同,复折射指数虚部的顺序相反,灰霾污染日的气溶胶散射能力更强,吸收能力更弱。

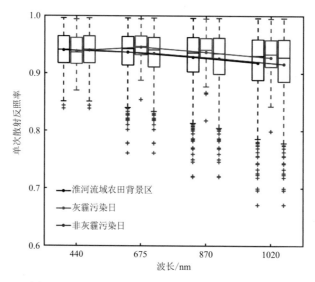

图 8.14 3 种情况下单次散射反照率随波长的变化

图 8.15 中,复折射指数实部均值为 1.43~1.48,位于干燥粒子(一般分布在 1.45~1.70)实部下限(Schuster et al.,2009),随着波长的增加呈现出增加趋势。复折射指数虚部均值为 0.005~0.008,数值小于 0.01,气溶胶吸收能力整体偏弱,随着波长的增加呈现出先减小后增加趋势,尤其是灰霾污染日的特征表现更为明显。440 nm 处的复折射指数虚部大于 675 nm 处的,可能是由于棕色碳导致短波区域吸收增加(Bahadur et al.,2012),是在低温下碳的不完全燃烧产生的(Feng et al.,2013;Xie et al.,2014)。

由图 8.16、图 8.17 可以看出,2016—2019 年单次散射反照率整体呈逐年增加趋势,复折射指数虚部年际变化同单次散射反照率相反,实部无明显年际变化趋势,气溶胶散射能力逐年增强,吸收能力逐年减弱。单次散射反照率春、夏季较大,秋、冬季较小,水汽含量增加导致春、

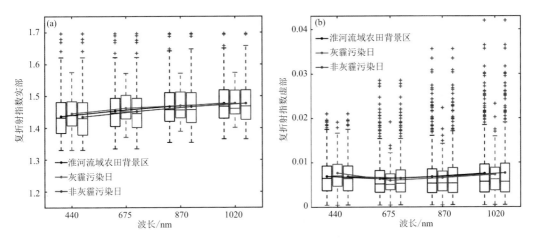

图 8.15　3 种情况下复折射指数随波长的变化
(a)实部,(b)虚部

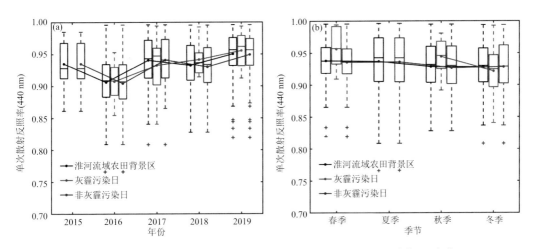

图 8.16　3 种情况下单次散射反照率(440 nm)年际变化(a)和季节(b)变化

夏季单次散射反照率较大。复折射指数虚部和单次散射反照率季节变化特征相反。

8.2.5　气溶胶类型

海洋型和大陆型气溶胶是较为干净的气溶胶类型,其他气溶胶倾向于较污染的气溶胶类型。城市工业型气溶胶产生于燃料的燃烧、工农业生产以及人类活动等,次大陆型气溶胶主要受到自然和人为排放的共同影响,生物质燃烧型气溶胶主要由秸秆燃烧产生,沙尘型气溶胶主要源于沙尘天气(贺欣 等,2020)。根据 8.2.1 节,淮河流域农田背景区 3 种情况下无海洋型气溶胶。由表 8.1 可见,淮河流域农田背景区及其非灰霾污染日的气溶胶类型相似,以大陆型和城市工业型气溶胶为主,两种类型气溶胶占比相近,均>40%,占比总和>85%,次大陆型气溶胶次之,两者情况下占比分别是 13.51%、11.98%,生物质燃烧型气溶胶占比约 1%,沙尘型气溶胶占比<0.2%。淮河流域农田背景区,沙尘天气少,污染物以本地排放、二次生成的细粒子气溶胶以及周边大城市外来输送为主(霍彦峰 等,2017;魏夏潞 等,2019)。灰霾污染日的

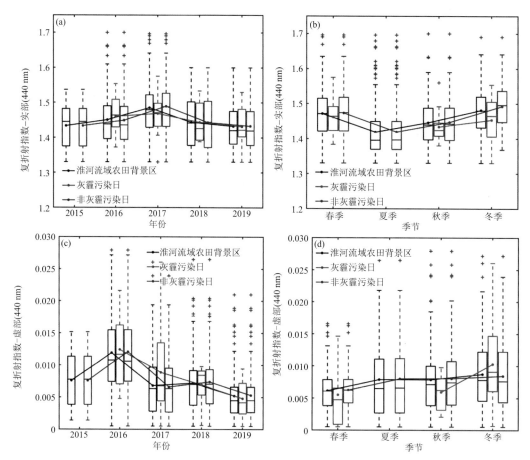

图 8.17　3 种情况下复折射指数(440 nm)年际变化(左)和季节(右)变化

(a—b)实部,(c—d)虚部

城市工业型和次大陆型气溶胶占比增加,分别是 53.33%、21.67%,大陆型气溶胶占比减少为 23.33%,生物质燃烧型气溶胶占比<2%,无沙尘型气溶胶,相较淮河流域农田背景区,污染的气溶胶类型占比增加 17.79%,这一结论和前文分析吻合。

表 8.1　3 种情况下气溶胶类型占比

	沙尘型	大陆型	次大陆型	城市工业型	生物质燃烧型
淮河流域农田背景区	0.15%	41.12%	13.51%	44.16%	1.06%
灰霾污染日	0	23.33%	21.67%	53.33%	1.67%
非灰霾污染日	0.17%	44.27%	11.98%	42.54%	1.04%

由图 8.18 可见,2015—2019 年淮河流域农田背景区以大陆型和城市工业型气溶胶为主,占比总和持续>80%,其中污染的气溶胶类型占比整体呈逐年减小趋势,由 65.38% 减至 52.63%,同气溶胶光学厚度年际变化相同。灰霾污染日污染的气溶胶类型占比同光学厚度年际变化并不完全吻合,尤其 2017 年污染的气溶胶占比高,达 81.25%,但光学厚度较低,这可能是因为 2017 年只有大陆和城市工业型气溶胶,气溶胶污染源和类型单一。淮河流域农田

背景区四季以大陆型和城市工业型气溶胶为主,其中夏、秋季占比总和＞88％,其他类型气溶胶较少,而春、冬季其他类型气溶胶占比总和分别是 23.47％和 16.91％,这可能是因为春、冬季有外来输送气溶胶的影响。灰霾污染日春季污染的气溶胶占比最高为 92.84％,和光学厚度春季最高的结果吻合。随着污染等级的增加,污染的气溶胶类型占比逐步增加,淮河流域农田背景区及其灰霾污染日分别由 30.43％(优)和 75％(良)增至近 100％。

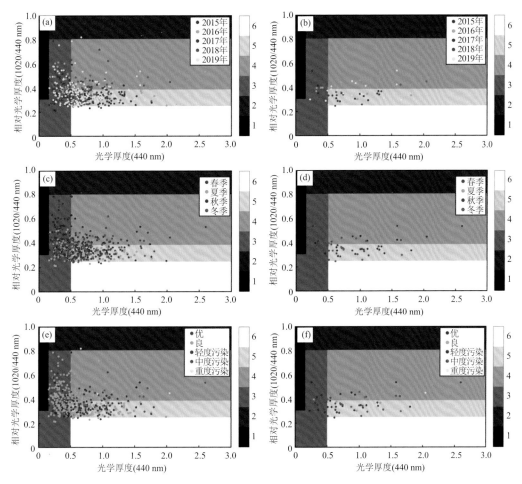

图 8.18　淮河流域农田背景区(a,c,e)及其灰霾污染日(b,d,f)
气溶胶类型的年际、季节和污染等级分布(色标同图 8.6)

8.3　流域气溶胶光学厚度反演分析

淮河流域气溶胶光学厚度整体呈西南、东北部数值低,中间高的分布特点,尤其是河南中部,安徽、江苏北部,山东南部地区数值偏高(图 8.19)。2015—2019 年淮河流域气溶胶光学厚度整体呈减小趋势,年平均气溶胶光学厚度由 0.71 下降到 0.58,但流域内气溶胶含量仍较高,且 2019 年有一个反弹趋势,因此,仍需关注淮河流域大气污染状况(图 8.20)。

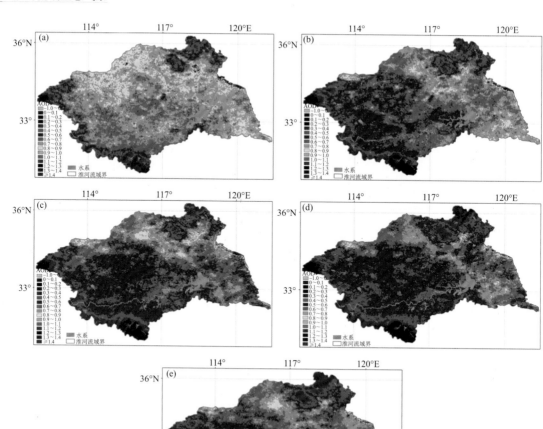

图 8.19　2015—2019 年(a—e)淮河流域气溶胶光学厚度分布图

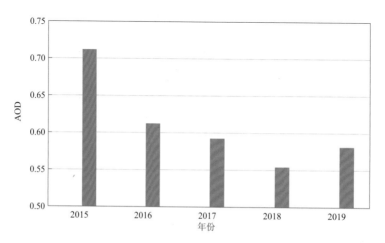

图 8.20　2015—2019 年淮河流域平均气溶胶光学厚度

8.4 流域霾日数时空变化评估

日平均能见度(08:00、14:00、20:00 平均)小于 10 km,日平均相对湿度(08:00、14:00、20:00 平均)小于 90%,并排除降水、吹雪、雪暴、扬沙、沙尘暴、浮尘、烟幕等其他能导致低能见度事件的情况定义为一个霾日。2016—2019 年,淮河流域霾日数总体呈下降趋势,2019 年平均霾日数为 73.3 d,比 2016—2018 年平均霾日数少 12.1 d,比 2018 年多 7.2 d(图 8.21)。

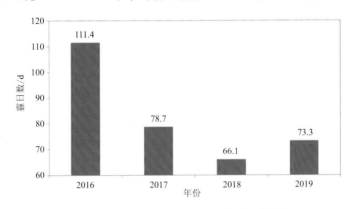

图 8.21 2016—2019 年淮河流域霾日数变化

淮河流域 2019 年霾日数总体呈西多东少、北多南少的分布特征,从河南中部到北部经安徽延伸到江苏中部存在高值带,霾日数高于 80 d,局部超过 100 d;其他大部分地区低于 80 d,其中河南南部、安徽大部、江苏东部,以及山东中部低于 60 d(图 8.22)。与 2016—2018 年平均相比,除大别山区、安徽北部局部、山东东北部和东南部有所增加外,其他大部分地区霾日数减少,其中流域东部减少超过 30 d(图 8.22)。

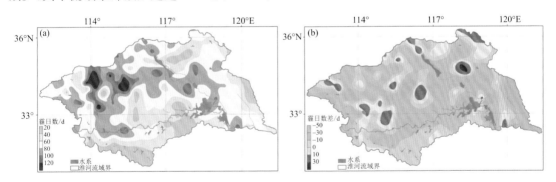

图 8.22 2019 年淮河流域霾日数(a)及其与 2016—2018 年平均值差的空间分布(b)

8.5 本章小结

(1)淮河流域典型农田区颗粒物质量浓度、黑碳气溶胶质量浓度、气溶胶散射系数和 SO_2 体积浓度呈逐年降低的变化态势,O_3 体积浓度逐年增加,NO_x 和 CO 体积浓度年变化趋势不明显。受污染源和气象条件的影响,寿县地区气溶胶和反应性气体(除 O_3)冬季浓度最大,污染严重,夏季浓度较低,污染较轻,而由于太阳辐射和气温的影响,O_3 夏季浓度最大。

(2)淮河流域典型农田区气溶胶以细粒子气溶胶为主,气溶胶散射能力强,吸收能力弱;细粒子气溶胶增加在淮河流域农田背景区灰霾污染中占主导作用;近年来淮河流域典型农田区的气溶胶光学厚度、细模态粒子体积浓度整体呈减小趋势,气溶胶散射能力逐年增强,吸收能力逐年减弱;当发生重度污染时颗粒物向大粒径方向移动,但仍为细粒子;受气溶胶来源、吸湿增长和高温的影响,春、夏季气溶胶光学厚度和单次散射反照率较高,秋、冬季主要由雾霾污染造成,细粒子比例高,气溶胶光学厚度和单次散射反照率较低。

(3)淮河流域气溶胶光学厚度整体呈西南东北部低,中间高的分布特点。2015—2019 年淮河流域气溶胶光学厚度整体呈减小趋势,但流域内气溶胶含量仍较高,且在部分年份有反弹。淮河流域霾日数呈西多东少、北多南少的分布特征,近年来霾日数总体呈下降趋势。

第 9 章
流域生态服务功能

9.1 固碳能力的评估方法及时空变化特征

9.1.1 计算方法

目前环境中已有的碳储存大部分依靠 4 种基本的碳库:地上生物量、地下生物量、土壤和死亡的有机物质。InVEST 碳储存模型通过将各个碳库的碳储存量相加来评价整个区域的总碳储存。此模型可以突破传统定量评估方法的局限性,为生态系统服务功能的空间表达和动态分析提供新手段(夏全升 等,2023)。该模型已经在多个国家和地区的空间规划、生态补充环境管理决策中得到了广泛应用,模型考虑威胁因子及威胁距离对栖息地的影响,量化展示了研究区生物多样性的空间分布(潘明欣 等,2022;庄子薛 等,2022)。InVEST模型中的碳模块计算,必要数据包括土地利用类型图和与各土地利用类型对应的四大碳库碳密度数据,可选数据包括当前木材采伐速率、收获期、碳价格等,考虑到研究需要和数据的可获取性,一般主要通过土地利用类型数据和碳密度数据进行研究。土壤碳密度数据可以从世界土壤数据库(HWSD)中获取,选取的属性数据包括土壤表层及深层的有机碳含量、土壤表层及深层容重和各土壤类型参考深度,土壤碳密度计算公式如下:

$$C_{soil} = TOC \times H \times R \times 0.1 \times 转换系数 \tag{9.1}$$

式中:C_{soil} 为单位土壤面积上的碳储量,即土壤碳密度(kg·m^{-2});TOC 为有机碳量(%);R 为各土壤类型平均容重(g·cm^{-3});H 为各土壤类型参考深度(cm)。0.1 为换算单位需要;转换系数为 Bemmelen 换算系数(即 0.58 gC·g^{-1})。

地上及地下植被碳密度数据来源于政府间气候变化专门委员会(Intergovernmental Panel on Climate Change,IPCC)2006 年制定的确定农业、林业和其他土地用途部门的温室气体目录方法学,根据地上及地下植被生物量进行转换。

$$C_{above} = k \times B_i \tag{9.2}$$

式中:C_{above} 为地上植物碳密度(kg·m^{-2});B_i 为地上生物量(kg·m^{-2});IPCC(2006)以生物量为口径,InVEST 模型使用的是元素碳质量。生物量转换成碳需要乘以一个范围在 0.43~0.51 的换算系数,k 为该换算系数。地下植被碳密度计算方法如下:

$$C_{below} = p \times k \times B_i \tag{9.3}$$

式中:C_{below} 为地下植被碳密度(kg·m^{-2});p 为地上生物量和地下生物量的比值,该比值可通过 IPCC 数据得到。

关于死亡有机质碳密度的计算,因为死亡有机质碳密度数据较难获取,采用 IPCC(2006)的默认值,其中显示了林地类型中叶凋落物的默认碳库值。非林地类型因凋落物数量过小,碳估计值接近于 0。

总碳密度库计算公式如下:

$$C_{storage} = (C_{soil} + C_{above} + C_{below} + C_{dead}) \times S \tag{9.4}$$

式中:$C_{storage}$ 为某土地类型的总碳储量(kg);C_{soil}、C_{above}、C_{below}、C_{dead} 分别为土壤碳密度、地上植被碳密度、地下植被碳密度、死亡有机质碳密度(kg·m^{-2});S 为该地类的面积(m^2)。

结合淮河流域实际情况,此次选用另一种更适用于其固碳量的计算方法。植物通过光合作用吸收二氧化碳(CO_2),释放氧气(O_2),把大气中的 CO_2 固定在植物体内和土壤中,并以生物量的形式使其成为陆地生态系统中最重要的碳汇资源。根据光合作用的方程式可知,植物利用太阳光能吸收 CO_2 和 H_2O,生成葡萄糖的碳水化合物并释放 O_2,再以葡萄糖转化为多糖(曾攀儒 等,2019)。

$$6CO_2(264\ g) + 6H_2O(108\ g) \rightarrow C_6H_{12}O_6(180\ g) + 6O_2(192\ g)$$
$$\downarrow$$
$$\text{多糖}(162\ g) + H_2O(18\ g) \tag{9.5}$$

由上述方程可知,植物生长每产生 162 g 干物质,需要吸收固定 264 g 的 CO_2,释放 192 g O_2,则植被每积累 1 单位干物质,吸收固定 1.63 单位的 CO_2,从而得到固碳量。由此可以得到固碳量的计算公式为:

$$G_{\text{固碳}} = 1.63 \times R_{\text{碳}} \times NPP_{\text{年}} \tag{9.6}$$

式中:$G_{\text{固碳}}$ 为植被年固碳量(gC·m^{-2});$R_{\text{碳}}$ 为 CO_2 中碳的含量(27.27%);$NPP_{\text{年}}$ 为单位面积下垫面净初级生产力(g·m^{-2})。

9.1.2 淮河流域固碳量年际变化

由图 9.1 可知,1981—2019 年平均单位面积固碳量为 123.0 gC·m^{-2},最小值出现在 2000 年(102.7 gC·m^{-2}),最大值出现在 2015 年(156.8 gC·m^{-2})。构建所得年份与固碳量的线性方程为 $y = 0.8673x + 105.68(R^2 = 0.4874)$,表明 1981—2019 年淮河流域固碳量呈现

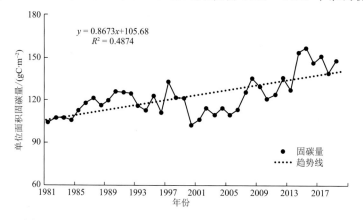

图 9.1　1981—2019 年淮河流域平均单位面积固碳量年际变化

明显的上升趋势,从 1981 年的 104.5gC・m^{-2} 上升到 2019 年的 148.0 gC・m^{-2},变化率为 0.86 gC・m^{-2}・a^{-1}。

9.1.3 不同年代区域固碳量空间分布

由图 9.2 可知,淮河流域固碳量自 20 世纪 80 年代到 21 世纪 10 年代 4 个年代间呈现出先增加后减小再增加的趋势,固碳年总量区域分布大体为西南较高,中部和东部较低。20 世纪 80 年代,淮河流域的整体固碳年总量大多集中在 120 gC・m^{-2} 以下,在东部固碳年总量大多集中在 120～180 gC・m^{-2};在 20 世纪 90 年代,中部固碳年总量为 60～120 gC・m^{-2} 的多数区域固碳年总量增加到 120～180 gC・m^{-2}。而 21 世纪 00 年代时,20 世纪 90 年代增加的固碳年总量为 120～180 gC・m^{-2} 的区域又大多退化为 60～120 gC・m^{-2} 的区域,形成破碎的斑块。21 世纪 10 年代,120～180 gC・m^{-2} 的区域大幅增加,西南部地区继续保持高固碳年总量,固碳年总量＞240 gC・m^{-2} 的面积略有增加。

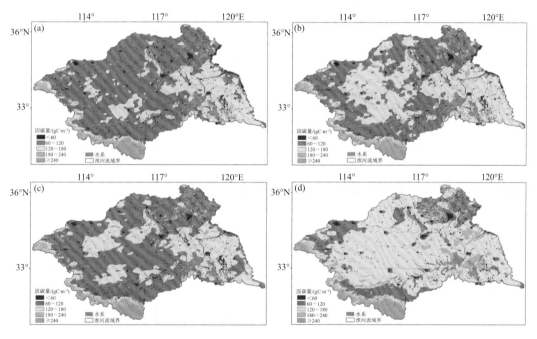

图 9.2　不同年代淮河流域平均单位面积固碳量区域分布
(a)20 世纪 80 年代,(b)20 世纪 90 年代,(c)21 世纪 00 年代,(d)21 世纪 10 年代

9.1.4 固碳量空间分布的年代际变化

将 2019 年淮河流域固碳量减去 1981 年淮河流域固碳量得到 2019 年固碳量相对 1981 年的绝对差值,2019 年固碳量相对 2001 年的绝对差值同理。如图 9.3 所示,固碳量在淮河流域中部上升较明显,绝对差值几乎都大于 50 gC・m^{-2}。固碳量在淮河流域东南部上升不显著,甚至有所下降,2001—2019 年西部的上升趋势比 1981—2019 年的上升趋势更加明显,说明 21 世纪以来淮河流域西部固碳量上升更明显,而北部固碳量上升趋势主要是 21 世纪前的贡献。

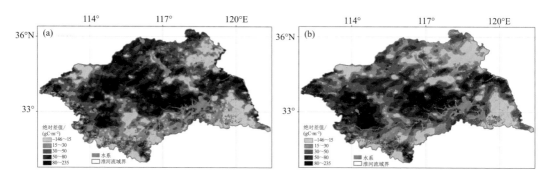

图 9.3　淮河流域 2019 年固碳量相对于 1981 年(a)、2001 年(b)固碳量的绝对差值

9.2　释氧能力的评估方法及时空变化特征

9.2.1　计算方法

植物固碳释氧能力高低可通过测定其瞬时光合速率来进行比较。通过测定光合作用白天的同化量,由此得出树种在单位面积内每天排出 CO_2 的量以及释放氧气的量。采用光合作用测试仪器能够得出瞬时光合速率,将其代入当天净同化量公式可得出植物当天单位面积内的净同化量(姚侠妹 等,2021)。计算公式如下:

$$P = \sum_{i=1}^{j} \left[(P_{i+1} + P_i) \div 2 \times (t_{i+1} - t_i) \times 3600 \div 1000 \right] \tag{9.7}$$

式中,P 为测定日的单位面积的同化总量,通常以 $mmol \cdot m^{-2} \cdot d^{-1}$ 为单位,P_i 表示初测时间点的瞬时光合作用速率,而下一时间点测定的瞬时光合作用速率则用 P_{i+1} 表示,P_i 和 P_{i+1} 都是以 $\mu mol \cdot m^{-2} \cdot s^{-1}$) 为单位,$t_i$ 表示初测时间点的瞬时时间,t_{i+1} 为下一时间点的测定时间,j 为测定次数。将测得的数据代入式(9.5)(光合作用反应公式)。依据下述公式可得出每日 CO_2 质量以及每日释放氧气质量,以 $g \cdot m^{-2} \cdot d^{-1}$ 为单位。

日固定 CO_2 的质量计算公式为:$W_{CO_2} = P \times 44/1000$ \hfill (9.8)

日释放 O_2 的质量计算公式为:$W_{O_2} = P \times 32/1000$

除了上述方法也可以直接通过光合作用方程计算释氧量。

从式(9.5)可知,植物生长每产生 162 g 干物质,需要吸收固定 264 g 的二氧化碳,释放 192 g 氧气,则植被每积累 1 单位干物质,释放 1.19 单位 O_2,从而得到释氧量。释氧量的计算公式为:

$$G_{O_2} = 1.19 \times NPP_{年} \tag{9.9}$$

式中:G_{O_2} 为下垫面年释氧量($gO_2 \cdot m^{-2}$);$NPP_{年}$ 为单位面积下垫面净初级生产力($g \cdot m^{-2}$)。

9.2.2　淮河流域释氧量年际变化

将淮河流域的释氧量逐年进行平均而得到图 9.4。由图 9.4 可知,1981—2019 年淮河流域平均单位面积释氧量为 329.4 $gO_2 \cdot m^{-2}$,最小值出现在 2000 年(275.0 $gO_2 \cdot m^{-2}$),最大

值出现在 2015 年（419.9 $gO_2 \cdot m^{-2}$）。构建所得年份与释氧量的线性方程为 $y = 2.322x + 282.91(R^2 = 0.4874)$，表明淮河流域释氧量多年以来呈现明显的上升趋势，从 1981 年的 279.8 $gO_2 \cdot m^{-2}$ 上升到 2019 年的 396.1 $gO_2 \cdot m^{-2}$，变化率为 2.32 $gO_2 \cdot m^{-2} \cdot a^{-1}$。

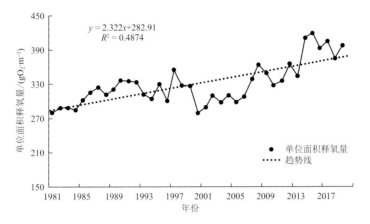

图 9.4　1981—2019 年淮河流域平均单位面积释氧量年际变化

9.2.3　不同年代区域释氧量空间分布

由图 9.5 可知，淮河流域释氧量自 20 世纪 80 年代到 21 世纪 10 年代 4 个年代间呈现出增加趋势，释氧年总量区域分布大体为西南较高，中部和东部较低。20 世纪 80、90 年代和 21 世纪 00 年代，淮河流域的整体释氧年总量大多集中在 150～350 $gO_2 \cdot m^{-2}$，释氧年总量

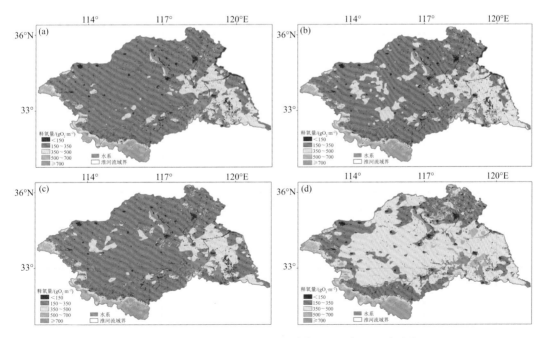

图 9.5　不同年代淮河流域平均单位面积释氧量区域分布
(a)20 世纪 80 年代，(b)20 世纪 90 年代，(c)21 世纪 00 年代，(d)21 世纪 10 年代

<150 $gO_2 \cdot m^{-2}$ 的地区也有少量分布;而 21 世纪 10 年代时释氧年总量为 $0 \sim 350$ $gO_2 \cdot m^{-2}$ 的区域大幅度减少,$350 \sim 500$ $gO_2 \cdot m^{-2}$ 的区域大幅增加,西南部地区继续保持高释氧年总量,释氧年总量>700 $gO_2 \cdot m^{-2}$ 的面积略有增加。

9.2.4 释氧量空间分布的年代际变化

将 2019 年淮河流域释氧量减去 1981 年淮河流域释氧量得到释氧量 2019 年相对 1981 年的绝对差值,释氧量 2019 年相对 2001 年的绝对差值同理。如图 9.6 所示,淮河流域中部释氧量上升较明显,绝对差值几乎都大于 130 $gO_2 \cdot m^{-2}$。淮河流域东北部、东南部释氧量上升不显著,东南部甚至有所下降,2001—2019 年西部的上升趋势比 1981—2019 年的上升趋势更加明显,说明 21 世纪以来淮河流域西部释氧量上升更明显,而北部释氧量上升趋势主要是 21 世纪前的贡献。

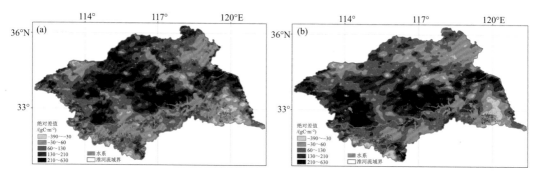

图 9.6 淮河流域 2019 年释氧量相对于 1981 年(a)、2001 年(b)释氧量的绝对差值

9.3 水源涵养能力的评估方法及时空变化特征

9.3.1 计算方法

InVEST 模型中的"Water Yield"子模型模拟研究区产水量及其空间分布格局。"Water Yield"模型基于水量平衡原理,以某个栅格单元内的降水量减去实际蒸散量即为产水量,总产水量包括地表径流、土壤含水量、枯落物持水量和冠层截留等,不区分地表径流、壤中流和地下径流。具体计算公式如下:

$$Y(x) = \left[1 - \frac{\mathrm{AET}(x)}{P(x)}\right] \times P(x) \tag{9.10}$$

式中:$Y(x)$ 是产水量;$P(x)$ 为栅格 x 中的年降水量;$\mathrm{AET}(x)$ 为栅格 x 的年实际蒸散量。其中 $\mathrm{AET}(x)/P(x)$ 的计算公式如下:

$$\frac{\mathrm{AET}(x)}{P(x)} = 1 + \frac{\mathrm{PET}(x)}{P(x)} - \left\{1 + \left[\frac{\mathrm{PET}(x)}{P(x)}\right]^{\omega}\right\}^{1/\omega} \tag{9.11}$$

式中,$\mathrm{PET}(x)$ 为潜在蒸散量,是由栅格 x 的参考蒸散量 $ET_0(x)$ 和植被蒸散系数 $K_c(l_x)$ 的乘积计算得出的,与栅格 x 上的土地利用类型(l_x)有关,$\omega(x)$ 是表征集水区自然气候及土壤性质的经验拟合参数,无量纲。$\mathrm{PET}(x)$ 和 $\omega(x)$ 可根据以下公式计算:

$$PET(x) = K_C(l_x) \times ET_0(x) \tag{9.12}$$

$$\omega(x) = Z\frac{AWC(x)}{P(x)} + 1.25 \tag{9.13}$$

式中，Z 是一个经验性的常数，在一定程度上反映了当地的气候和降水规律及其在水文地质学上的特点，其可能值在 $1 \sim 30$，本研究选择的 Zhang 系数为 8.65。估算 $ET_0(x)$ 的方法参考 Penman-Monteith(PM)，彭曼公式是由联合国粮农组织(FAO)所提出的受到普遍认可的潜在蒸散计算公式。估算公式如下：

$$ET_0 = \frac{0.408\Delta(R_n - G) + r\dfrac{900}{T+273}u_2(e_s - e_a)}{\Delta + r(1 + 0.34u_2)} \tag{9.14}$$

式中：R_n 为作物表面上的净辐射；G 为土壤热通量；T 为的日平均气温；u_2 为风速，e_s 为饱和水汽压；e_a 为实际水汽压；$e_s - e_a$ 为饱和水汽压差；Δ 为饱和水气压曲线的斜率；r 为湿度计常数。

$AWC(x)$ 是指栅格单元 x 上的植被能够利用的含水量(mm)，为植物有效含水量(PAWC)与根系限制层深度和植被生根深度的最小值的乘积。

$$AWC(x) = Min(Rset.\,layer.\,depth, root.\,depth) \times PAWC \tag{9.15}$$

式中，根系限制层深度(Rest. layer. depth)一般指由于物理或化学等原因造成某一根系在土壤中渗透和生长的深度。而生根深度(root. depth)一般是指某类植被中 95% 的根系生物量出现的土壤深度。PAWC 是指作物可以吸收和利用的土壤中的水量，计算公式如下：

$$PAWC = 54.509 - 0.132 \times SAN - 0.003 \times SAN^2 - 0.055 \times SIL - 0.006 \times SIL^2 -$$
$$0.738 \times CLA + 0.007 \times CLA^2 - 2.688 \times OM + 0.501 \times OM^2 \tag{9.16}$$

式中，SAN、SIL、CLA、OM 分别为土壤砂砾含量(%)、粉粒含量(%)、黏粒含量(%)与有机物质含量(%)。这些数据都来源于世界土壤数据库(HWSD)，该数据库包含了一系列土壤属性数据。

9.3.2 淮河流域水源涵养量年际变化

由图 9.7 可知，淮河流域 1981—2019 年平均水源涵养量为 412.02 mm，最小值出现在 2019 年(105.54 mm)，最大值出现在 2003 年(929.81 mm)。构建所得年份与水源涵养量的线

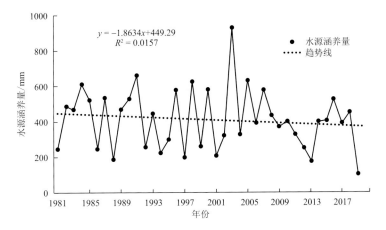

图 9.7 1981—2019 年淮河流域平均水源涵养量年际变化

性方程为 $y=-1.8634x+449.29(R^2=0.0157)$，表明淮河流域水源涵养量多年以来呈现明显的下降趋势，从 1981 年的 245.78 mm 下降到 2019 年的 105.54 mm，变化率为 -1.86 mm·a^{-1}。

9.3.3 不同年代区域水源涵养量空间分布

由图 9.8 可知，淮河流域水源涵养量自 20 世纪 80 年代到 21 世纪 10 年代 4 个年代间呈现出逐渐减小趋势，4 个年代水源涵养总量区域分布均为自南向北逐渐降低。20 世纪 80、90 年代，淮河流域的整体水源涵养总量大多集中在 200～500 mm，水源涵养量处于 500 mm 以上的区域较少，整体变化不大；而 21 世纪 00 年代，水源涵养总量处于 300 mm 及以上地区明显增多，整体上南部水源涵养年总量集中在 300 mm 以上，西北部少部分地区集中在 200 mm 以下。20 世纪 10 年代，低于 200 mm 的区域大幅增加，与 21 世纪 00 年代相比，水源涵养总量处于 300 mm 及以上地区明显减少。

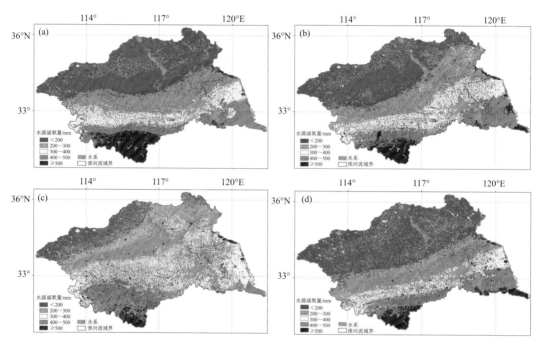

图 9.8　不同年代淮河流域平均水源涵养量区域分布
(a)20 世纪 80 年代，(b)20 世纪 90 年代，(c)21 世纪 00 年代，(d)21 世纪 10 年代

9.3.4 水源涵养量空间分布的年代际变化

将 2019 年淮河流域水源涵养量减去 1981 年淮河流域水源涵养量，得到水源涵养量 2019 年相对于 1981 年的绝对差值，2019 年水源涵养量相对于 2001 年的绝对差值同理。如图 9.9 所示，淮河流域总体水源涵养量下降比较明显，北部地区水源涵养量上升较明显，绝对差值高于 0 mm。南部与中部地区上升不显著，绝对差值几乎都低于 0 mm。1981—2019 年整体下降趋势比 2001—2019 年的下降趋势更加明显，说明 21 世纪以来淮河流域整体下降趋势有所减缓，而水源涵养量的下降趋势主要是 21 世纪前的贡献。

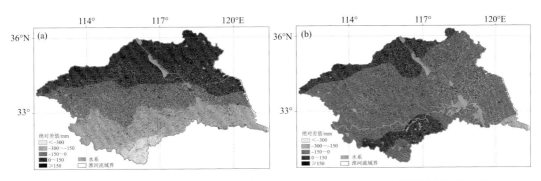

图 9.9 淮河流域 2019 年水源涵养量相对于 1981 年(a)、2001 年(b)水源涵养量的绝对差值

9.4 水土保持能力的评估方法及时空变化特征

9.4.1 计算方法

InVEST 模型中的土壤保持模块(Sediment Delivery Ratio,SDR)是采用通用土壤流失方程(USLE)对流域单元进行土壤侵蚀和土壤保持计算,就是基于土地利用类型计算栅格单元潜在土壤侵蚀量(RKLS)和现实土壤侵蚀量(USLE),二者的差值即为土壤保持量(吴志俊等,2021)。具体计算公式如下:

$$\text{RKLS}_x = R_x \times K_x \times LS_x \tag{9.17}$$

$$\text{USLE}_x = R_x \times K_x \times LS_x \times C_x \times P_x \tag{9.18}$$

$$A_x = \text{RKLS}_x - \text{USLE}_x \tag{9.19}$$

式中:RKLS_x、USLE_x 和 A_x 分别为栅格 x 的潜在侵蚀量、现实侵蚀量及土壤保持量;R_x、K_x、LS_x、C_x、P_x 分别是栅格 x 的降水侵蚀力因子、土壤侵蚀性因子、坡度坡长因子、植被覆盖因子和水土保持措施因子。

首先,降水侵蚀力因子是采用章文波(2003)等提出的降水量法来估算的:

$$R_n = 0.053 P_n^{1.655} \tag{9.20}$$

式中:R_n 是年降水侵蚀力因子,单位为 MJ・mm・hm^{-2}・h^{-1};P_n 表示年降水量,单位为 mm。

其次,土壤侵蚀性因子 K 采用 Williams 等(1997)提出的 EPIC 评估模型,根据土壤中的粒径组成特征以及土壤有机碳的含量来进行计算。具体公式如下:

$$K = \left\{ 0.2 + 0.3 \exp\left[-0.0256 \text{SAN}\left(1 - \frac{\text{SIL}}{100}\right) \right] \right\} \times \left[\frac{\text{SIL}}{\text{CLA} + \text{SIL}} \right]^{0.3} \times$$
$$\left[1 - \frac{0.25C}{C + \exp(3.72 - 2.95C)} \right] \times \left[1 - \frac{0.7\text{SNI}}{\text{SNI} + \exp(-5.51 + 22.9\text{SNI})} \right] \tag{9.21}$$

式中,SAN、SIL、CLA 分别为各类土壤的中砂粒、粉粒以及黏粒组分的百分比含量,SNI=1−SAN/100。C 为土壤中各种有机碳的百分比含量,它可以根据土壤中有机质的含量除以1.724 后计算获得。

植被覆盖因子(C)和水土保持措施因子(P)均与一个区域的土地利用类型密切相关,用来分析表达某一区域的植被覆盖和其他土壤管理措施对于土壤侵蚀效果所产生的影响。它们的值均介于 $0 \sim 1$。植被覆盖因子主要起着控制土壤侵蚀的作用,C 值越大,植被覆盖度越低,土壤侵蚀就越严重。通过不同土地利用类型的植被覆盖度的计算方法估算 C 值(蔡崇法 等,2000),公式如下:

$$\mathrm{FVC} = \frac{(\mathrm{NDVI} - \mathrm{NDVI_{soil}})}{(\mathrm{NDVI_{veg}} - \mathrm{NDVI_{soil}})} \tag{9.22}$$

$$C = \begin{cases} 1 & \mathrm{FVC} = 0 \\ 0.6508 - 0.3436 \log \mathrm{FVC} & 0 < \mathrm{FVC} < 78.3\% \\ 0 & \mathrm{FVC} \geqslant 78.3\% \end{cases} \tag{9.23}$$

式中:FVC 为植被覆盖度;NDVI 为归一化植被指数;$\mathrm{NDVI_{soil}}$ 为无植被覆盖度的 NDVI 值;$\mathrm{NDVI_{veg}}$ 为完全植被覆盖的 NDVI 值。

关于坡度坡长因子,坡度 S 和坡长 L 代表了地形地貌因素对土壤侵蚀的影响,一般来说,坡度越陡、坡长越长,就越容易被侵蚀。坡度坡长因子由 InVEST 模型根据输入画好的 DEM 高程数据自动生成坡度坡长图,且会自动对不同的坡度区域采用不同的公式进行计算(Sharp et al.,2015)。

9.4.2 淮河流域水土保持量年际变化

将淮河流域的水土保持量进行逐年平均,得到图 9.10。由图可知,1981—2019 年淮河流域平均面积土壤保持量为 5.39×10^4 t,最小值出现在 2019 年(3.06×10^4 t),最大值出现在 2003 年(8.09×10^4 t)。构建所得年份与水土保持量的线性方程为 $y = -0.0206x + 5.8032$ ($R^2 = 0.0339$),表明淮河流域水土保持量多年以来呈明显的下降趋势,从 1981 年的 4.36×10^4 t 下降到 2019 年的 3.06×10^4 t,变化率为 -0.02 t·a^{-1}。

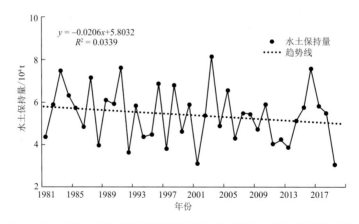

图 9.10　1981—2019 年淮河流域平均单位面积水土保持量年际变化

9.4.3 不同年代区域水土保持量空间分布

由图 9.11 可知,淮河流域水土保持量自 20 世纪 80 年代到 21 世纪 10 年代 4 个年代间呈现出减小的趋势,水土保持年总量区域分布大体为西南部和东北部较高,中部和东部较低。20 世纪 80 年代,淮河流域的整体水土保持年总量大多低于 1×10^4 t,在西南和东北部水土保持年总量有＞2×10⁴ t 的地区；在 20 世纪 90 年代，水土保持年总量空间分布与 80 年代相似，在东部水土保持年总量处于 0.5×10⁴～1×10⁴ t 的区域略有增加；在 21 世纪 00 年代，中部水土保持年总量为 0.5×10⁴～1×10⁴ t 的区域增加；而 21 世纪 10 年代，中部地区水土保持年总量有所退化，西南和东北部地区继续保持高水土保持年总量。

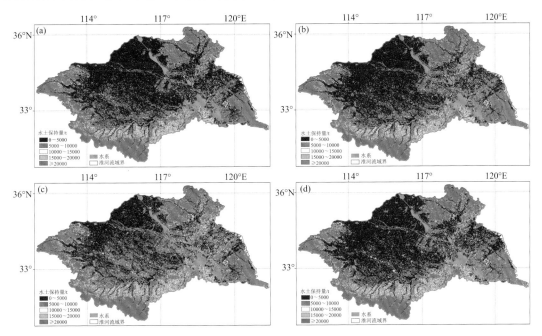

图 9.11　不同年代淮河流域平均水土保持量区域分布
(a)20 世纪 80 年代，(b)20 世纪 90 年代，(c)21 世纪 00 年代，(d)21 世纪 10 年代

9.4.4　水土保持量空间分布的年代际变化

将 2019 年淮河流域水土保持量减去 1981 年淮河流域水土保持量，得到水土保持量 2019 年相对于 1981 年的绝对差值，2019 年水土保持量相对于 2001 年的绝对差值同理。如图 9.12 所示，淮河流域总体水土保持量呈下降趋势，绝对差值大部分地区低于 0 t。1981—2019 年在南部和西部下降比较明显，绝对差值低于−2×10⁴ t。1981—2019 年整体下降趋势比 2001—2019 年的下降趋势更加明显。2001—2019 年中部和南部有上升趋势，说明 21 世纪以来淮河

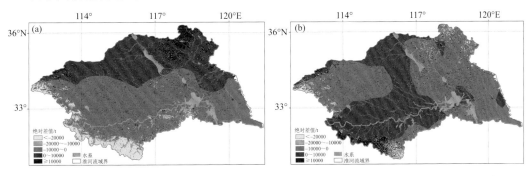

图 9.12　淮河流域 2019 年水土保持量相对于 1981 年(a)、2001 年(b)水土保持量的绝对差值

流域整体下降趋势有所减缓。

9.5 本章小结

（1）淮河流域生态系统固碳能力呈西南较高，中部和东部较低的特征，1981—2019年流域固碳量呈现明显的上升趋势，年代际变化具有先增加后减小再增加的特征。空间分布变化，固碳量在淮河流域中部上升较明显，流域东南部上升不显著，甚至有所下降，21世纪以来淮河流域西部固碳量上升更明显，而北部固碳量上升趋势主要是21世纪前的贡献。

（2）淮河流域生态系统释氧量大体分布为西南较高，中部和东部较低，1981—2019年流域释氧量呈现明显的上升趋势，年代际变化总体为增加趋势。空间分布变化，释氧量以中部上升较明显，流域东北部、东南部释氧量上升不显著，东南部甚至有所下降，21世纪以来流域西部地区的释氧量上升趋势更加明显。

（3）淮河流域生态系统水源涵养能力分布为南部较高，北部较低的特征，1981—2019年流域水源涵养量呈现明显的下降趋势，年代际变化总体为下降趋势。空间分布变化，淮河流域总体水源涵养量下降比较明显，21世纪以来，淮河流域整体下降趋势有所减缓，而水源涵养量下降趋势主要是21世纪前的贡献。

（4）淮河流域生态系统水土保持量分布为西南部和东北部较高，中部和东部较低的特征，1981—2019年流域水土保持量呈明显的下降趋势，空间分布变化，水土保持量以流域南部和西部下降比较明显，21世纪以来中部和西南部有上升趋势。

参考文献

蔡崇法,丁树文,史志华,等,2000.应用 USLE 模型与地理信息系统 IDRISI 预测小流域土壤侵蚀量的研究[J].水土保持学报,2:19-24.

陈利军,刘高焕,励惠国,2002.中国植被净第一性生产力遥感动态监测[J].遥感学报,6(2):129-135,164.

陈信信,丁启朔,李毅念,等,2017.南方稻麦轮作系统下小麦根系的三维分形特征[J].中国农业科学,50(3):451-460.

范伟,邱康俊,凌新锋,等,2020.基于遥感测量的淮河流域中部气溶胶光学和微物理特性分析[J].气象,46(4):528-537.

方文松,刘荣花,邓天宏,2010.冬小麦生长发育的适宜土壤含水量[J].中国农业气象,31(S1):73-76.

耿绍波,2011.河南西平杨树人工林生态系统碳通量及其环境响应研究[D].北京:北京林业大学.

郭晓彤,孟丹,蒋博武,等,2021.基于 MODIS 蒸散量数据的淮河流域蒸散发时空变化及影响因素分析[J].水文地质工程地质,48(3):1-8.

韩亚芳,吴立新,白杨,等,2017.太湖北岸气溶胶光学特性长期变化特征[J].中国环境科学,37(7):2492-2503.

贺庆棠,BAUMARTNER A,1986.中国植物的可能生产力—农业和林业的气候产量[J].北京林业大学学报,8(2):84-98.

贺欣,周茹,姚媛,等,2020.基于 AERONET 的中国地区典型站点气溶胶类型变化特征[J].中国环境科学,40(2):485-496.

霍彦峰,黄勇,邓学良,等,2017.寿县地区气溶胶光学特性研究[J].环境科学与技术,40(12):50-57.

金楷仑,郝璐,2020.基于遥感数据与 SEBAL 模型的江浙沪地区地表蒸散反演[J].国土资源遥感,32(2):208-216.

李克让,曹明奎,於琍,等,2005.中国自然生态系统对气候变化的脆弱性评估[J].地理研究,24(5):653-663.

李文华,1978.森林生物生产量的概念及其研究的基本途径[J].自然资源(1):71-92.

刘青瑞,2017.中国陆地生态系统总初级生产力变化趋势及成因分析[D].南京:南京大学.

吕睿,于兴娜,沈丽,等,2016.北京春季大气气溶胶光学特性研究[J].中国环境科学,36(6):1660-1668.

牟福生,李昂,谢品华,等,2016.利用 CE318 太阳光度计资料反演合肥气溶胶光学特性[J].红外与激光工程,45(2):0211003.

潘明欣,张力小,胡潭高,等,2022.城市湿地生态系统服务动态演化及其权衡关系——以杭州西溪湿地为例[J].北京师范大学学报(自然科学版),58(6):893-900.

王赫生,龚建师,周锴锷,等,2021.淮河流域及东南诸河流域土地利用和蒸散发量的多年时序变化[J].华东地质,42(1):124-125.

王军邦,2007.基于遥感模型和过程模型耦合的区域陆地生态系统碳通量模拟研究[R].博士后工作报告,北京:中国科学院地理科学与资源研究所.

魏夏潞,王成刚,凌新锋,等,2019.安徽寿县黑碳气溶胶浓度观测分析研究[J].环境科学学报,39(11):

3630-3638.

翁升恒,张方敏,冯妍,等,2020.江淮流域稻麦轮作蒸散特征及其影响因子[J].节水灌溉(8):27-33+39.

吴志俊,王永强,鄢波,等,2021.基于 InVEST 模型的鄂尔多斯市土壤侵蚀及土壤保持功能研究[J].水电能源科学,39(8):31-34,98.

夏全升,洪欣,桂翔,等,2023.基于 InVEST 模型的芜湖市固碳能力及影响因子研究[J].水土保持通报,43(5):385-394.

燕乃玲,虞孝感,2007.淮河流域生态系统退化问题与综合治理[J].水利发展研究,8:13-17.

阳伏林,张强,王文玉,等,2014.黄土高原春小麦农田蒸散及其影响因素[J].生态学报,34(9):2323-2328.

姚侠妹,偶春,夏璐,等,2021.安徽沿淮地区小城镇主要景观树种固碳释氧和降温增湿效益评估[J].生态学杂志,40(5):1293-1304.

叶许春,杨晓霞,刘福红,等,2021.长江流域陆地植被总初级生产力时空变化特征及其气候驱动因子[J].生态学报,41(17):6949-6959.

叶正伟,2007.淮河流域湿地的生态脆弱性特征研究[J].水土保持研究,14(4):24-29.

张静,王力,韩雪,等,2016.黄土塬区农田蒸散的变化特征及主控因素[J].土壤学报,53(6):1421-1432.

张宪洲,1993.我国自然植被净第一性生产力的估算与分布[J].自然资源,15(1):15-21.

张小曳,徐祥德,丁一汇,2020.2013—2017 年气象条件变化对中国重点地区 $PM_{2.5}$ 质量浓度下降的影响[J].中国科学:地球科学,50(4):483-500.

张心竹,王鹤松,延昊,等,2021.2001—2018 年中国总初级生产力时空变化的遥感研究[J].生态学报,41(16):6351-6362.

张雪松,闫艺兰,胡正华,2017.不同时间尺度农田蒸散影响因子的通径分析[J].中国农业气象,38(4):201-210.

张勇,银燕,刘蕴芳,等,2014.北京秋季大气气溶胶光学厚度与 Ångström 指数观测研究[J].中国环境科学,6:1380-1389.

章文波,付金生,2003.不同类型雨量资料估算降雨侵蚀力[J].资源科学,25(1):35-41.

赵宇铭,2019.基于广义互补相关理论的流域实际蒸散发估算及驱动力分析[D].南京:南京信息工程大学.

曾攀儒,张福平,冯起,等,2019.祁连山地区不同植被生态系统固碳价值量估算及时空演变分析[J].冰川冻土,41(6):1348-1358.

郑箐舟,2020.秦淮河流域城市化对蒸散以及地表径流过程的影响[D].南京:南京信息工程大学.

周广胜,张新时,1995.自然植被净第一性生产力模型初探[J].植物生态学报,19(3):193-200.

朱文泉,潘耀忠,龙中华,等,2005.基于 GIS 和 RS 的区域陆地植被 NPP 估算——以中国内蒙古为例[J].遥感学报,9(3):300-307.

朱志辉,1996.我国自然植被生产力功能和地带性结构的气候耦合[J].地理学报(S1):66-72.

庄子薛,谢梦晴,张文萍,等,2022.基于 FLUS-InVEST 模型的碳储量时空变迁及多情景模拟预测——以成德眉资地区为例[J].风景园林,29(5):38-44.

ADEYEWA Z D, BALOGUN E E, 2003. Wavelength dependence of aerosol optical depth and the fit of the Angstrm law[J]. Theoretical & Applied Climatology, 74(1/2): 105-122.

BHAADUR R, PRAVEEN P S, XU Y, et al, 2012. Solar absorption by elemental and brown carbon determined ftom spectral observations[J]. Proceedings of the National Academy of Sciences of the United States of America, 109(43): 17366-17371.

CHE H, ZHAO H, WU Y, et al, 2015. Analyses of aerosol optical properties and direct radiative forcing over urban and industrial regions in Northeast China[J]. Meteorology and Atmospheric Physics volume, 127: 345-354.

CHEN Q X, YUAN Y, SHUAI Y, et al, 2016. Graphical aerosol classification method using aerosol relative optical depth[J]. Atmospheric Environment, 135: 84-91.

CHENG T T, CHEN X, DUAN J Y, et al, 2015. Seasonal variation and difference of aerosol optical properties in columnar and surface atmospheres over Shanghai[J]. Atmospheric Environment, 123: 315-326.

FENG Y, RAMANATHAN V, KOTAMARTHI V R, 2013. Brown carbon: A significant atmospheric absorber of solar radiation? [J]. Atmospheric Chemistry and Physics, 13: 8607-8621.

JIA B H, XIE Z H, ZENG Y J, et al, 2015. Diurnal and seasonal variations of CO_2 fluxes and their climate controlling factors for a subtropical forest in Ningxiang[J]. Advances in Atmospheric Sciences, 32(4):553-564.

LI W J, SHAO L Y, BUSECK P R, et al, 2010. Haze types in Beijing and the influence of agricultural biomass burning[J]. Atmospheric Chemistry and Physics, 10: 8119-8130.

QIN K, WANG L Y, XU J, et al, 2018. Haze optical properties from long-term ground-based remote sensing over Beijing and Xuzhou, China[J]. Remote Sensing, 10: 518, doi: 10. 3390/rs10040518.

REID J S, ECK T F, CHRISTOPHER S A, et al, 1999. Use of the Ångström exponent to estimate the variability of optical and physical properties of aging smoke particles in Brazil[J]. Journal of Geophysical Research Atmospheres, 104(D22): 27473-27489.

SCHUSTER G L, LIN B, DUBOVIK O, 2009. Remote sensing of aerosol water uptake[J]. Geophysical Research Letters, 36(3): L03814.

SHAO S, YANG Y, 2021. Effects of precipitation and land use/cover changes on the spatio-temporal distribution of the water yield in the Huang-Huai-Hai basin, China[J]. Environmental Earth Sciences, 80(24): 1-13.

SHARP R, TALLIS H T, RICKETTS, et al, 2015. InVEST 3. 2. 0 User's Guide[Z]. The Nature Captial Project, Stanford University, University of Minnesota, The Nature Conservancy, and World Wildlife Fund.

SONG X, PENG C, ZHAO Z, et al, 2014. Quantification of soil respiration in forest ecosystems across China [J]. Atmospheric Environment, 94: 546-551.

TIAN P F, GAO X J, ZHANG L, et al, 2017. Aerosol vertical distribution and optical properties over China from long-term satallite and ground-based remote sensing[J]. Atmospheric Chemistry and Physics, 17: 2509-2523.

TIAN Z, NIU Y L, FAN D L, et al, 2018. Maintaining rice production while mitigating methane and nitrous oxide emissions from paddy fields in China: Evaluating tradeoffs by using coupled agricultural systems models[J]. Agricultural Systems, 159: 175-186.

WILLIAMS J R, ARNOLD J G, 1997. A system of erosion-seimen ield models[J]. Soil Technoloy, 11(1): 43-55.

WANG Z, LIU D, WANG Y, et al, 2015. Diurnal aerosol variations do affect daily averaged radiative forcing under heavy aerosol loading observed in Hefei, China[J]. Atmospheric Measurement Techniques Discussions, 8: 2901-2907.

XIE Y S, LI Z Q, LI L, et al, 2014. Study on influence of different mixing rules on the aerosol components retrieval from ground-based remote sensing measurements[J]. Atmospheric Research, 145/146: 267-278.

YANG J, HUANG X, 2022. The 30 m annual land cover dataset and its dynamics in China from 1990 to 2021 [Data Set]. Earth System Science Data, 13(1): 3907-3925.

YU G R, ZHU X J, FU Y L, et al, 2013. Spatial patterns and climate drivers of carbon fluxes in terrestrial ecosystems of China[J]. Global Change Biology, 19(3):1-13.

ZHANG X X, BI J G, SUN H F, et al, 2019. Greenhouse gas mitigation potential under different rice-crop rotation systems:From site experiment to model evaluation[J]. Clean technologies and environmental poli-

cy，21(8)：1587-1601.

ZHUANG B L，WANG T J，LIU J，et al，2018. The optical properties，physical properties and direct radiative forcing of urban columnar aerosols in the Yangtze River Delta，China[J]. Atmospheric Chemistry and Physics，18(2)：1419-1936.